焦　距：17mm
光　圈：F16
快门速度：2s
感光度：ISO100

焦　　距：28mm
光　　圈：F8
快门速度：1/125s
感 光 度：ISO100

焦　　距：100mm
光　　圈：F13
快门速度：1/160s
感 光 度：ISO100

Nikon D3200
数码单反摄影完全攻略

FUN视觉 编著

化学工业出版社

北京·

本书是专门为 Nikon D3200 相机用户或潜在用户量身定制的实用型图书。以剖析数码摄影核心知识并弥补官方使用手册的不足为原则，将官方手册中抽象的功能描述及没有讲清楚的相机使用技巧，通过详细的操作图例及精美照片示例具体展现出来，同时，对于广大摄影爱好者使用该相机拍出好照片必备的摄影知识及拍摄技巧进行了详细介绍。主要内容包括 Nikon D3200 机身结构；播放菜单、拍摄菜单、设定菜单、润饰菜单设置详解；光圈、快门速度、ISO 感光度、曝光模式、对焦模式、测光模式、曝光补偿、曝光锁定等实拍设置技巧；适合该相机使用的数款高素质镜头点评，常用附件的使用方法与选购技巧；使用该相机进行日常摄像的方法及技巧；人像、风光等常见题材的实拍技巧。

全书语言简洁，图文并茂，即使是接触摄影时间不长的读者也可以在本书的指导下迅速掌握相机的操作方法并提高摄影水平，从而拍摄出具有一定艺术水准的照片。

图书在版编目(CIP)数据

Nikon D3200 数码单反摄影完全攻略/FUN 视觉编著.

北京：化学工业出版社，2012.9

　ISBN 978-7-122-15203-9

　Ⅰ.N⋯　Ⅱ.F⋯　Ⅲ. 数字照相机-单镜头反光照相机-摄影技术　Ⅳ.①TB86②J41

　中国版本图书馆 CIP 数据核字(2012)第 205182 号

责任编辑：王思慧　孙　炜　　　　　　　　装帧设计：王晓宇

出版发行：化学工业出版社（北京市东城区青年湖南街 13 号　邮政编码 100011）

印　　装：北京瑞禾彩色印刷有限公司

787mm×1092mm　1/16　印张 10 1/2　字数 262 千字　2012 年 10 月北京第 1 版第 1 次印刷

购书咨询：010-64518888（传真：010-64519686）　售后服务：010-64518899

网　　址：http://www.cip.com.cn

凡购买本书，如有缺损质量问题，本社销售中心负责调换。

定　　价：49.80 元

前　言

　　D3200 是尼康继 D3100 之后又一款定位于入门级摄影爱好者的数码单反相机，刚一发布便以其高达 2400 万的有效像素震惊了整个数码相机行业，因为当前流行的中端相机也只有 1800 万左右的有效像素，即使是 Canon EOS 5D Mark II 也只有 2100 万像素。此外，D3200 还提供了全高清视频拍摄、拍摄模式导引、拍摄场景预设指南、视频动画一键录制等实用功能，相信 D3200 将很快改写入门级数码单反相机的标准，并使更多的摄影爱好者感受到高像素摄影的乐趣。

　　不得不提的是，很多人对图书中讲解相机功能存在一定的误解，怕与官方附带的使用手册内容重复，花了冤枉钱。但实际上，一旦您体验过相机使用手册中对于拍摄模式、白平衡、对焦模式、测光模式、曝光锁定等功能的讲解，就会发现其中很多概念是比较抽象的——官方使用手册是让用户了解相机的硬件使用及基本功能，而对如何使用相机拍出好照片缺乏深入、细致的讲解。

　　要想快速掌握并熟练使用 Nikon D3200 数码单反相机拍出好照片，最简单的方法是阅读专门讲解该相机使用方法和拍摄技巧方面的图书，本书正是专门为 Nikon D3200 相机用户或潜在用户量身定制的实用型图书，具有以下独到之处。

- 以核心知识为主，取代官方使用手册：官方手册中的很多内容，许多摄影爱好者可能一辈子都不会用到，因此，本书选取其中最常用的内容，配合恰当的图示，进行扩展与深入的剖析，让读者尽快掌握并熟练应用这些常用的功能。

- 相机结构及菜单功能讲解全面、细致：本书在介绍 Nikon D3200 相机实用功能、机身结构的基础上，采用图示的方式对拍摄菜单、播放菜单、设定菜单、润饰菜单的功能及设置方法进行了详细的讲解。

- 摄影理论与题材拍摄有机结合：本书不仅讲解了光圈、快门速度、ISO 感光度、曝光模式、对焦模式、测光模式、曝光补偿、曝光锁定等摄影知识及设置方法，还剖析了人像、风光等常见摄影题材的拍摄技巧，让您在学习本书后，不仅能够熟练地使用相机，更懂得如何拍摄，从而最大限度地发挥手中摄影利器的价值，去捕捉每一个值得回味的精彩瞬间。

- 好用与好看并重：本书在讲解相机功能及摄影理论时，选用了大量的实拍照片，这些照片除了能够帮助读者理解和掌握相机功能及摄影理论外，还具有很高的艺术欣赏价值，使本书既好用又好看。

　　本书是集体劳动的结晶，参与本书编著的包括雷剑、吴腾飞、雷波、左福、范玉婵、刘志伟、杜林、石军伟、王芬、李芳兰、李美、邓冰峰、詹曼雪、黄正、孙美娜、刑海杰、刘小松、陈红艳、徐克沛、吴晴、李洪泽、漠然、李亚洲、佟晓旭、江海艳、董文杰、张来勤、刘星龙、边艳蕊、马俊南、姜玉双、李敏、邵琳琳、卢金凤、李静、肖辉、寿鹏程、管亮、马牧阳、杨冲、张奇、陈志新、孙雅丽、孟祥印、李倪、潘陈锡、姚天亮、车宇霞、陈秋娣、褚倩楠、王晓明、陈常兰、吴庆军、陈炎、苑丽丽等。

编　者

2012 年 06 月

Chapter 01　Nikon D3200 机身结构

Chapter 02　Nikon D3200 相机菜单设置详解

Chapter 03 Nikon D3200
实拍设置技巧

Chapter 04 Nikon D3200
配套镜头的选择

Chapter 05 Nikon D3200
相机配件的
选择与使用

Chapter 06 Nikon D3200
实战篇之
人像摄影

Chapter 07 Nikon D3200
实战篇之
风光摄影

焦　　距：18mm
光　　圈：F11
快闪速度：1/2s
感光度：ISO100

Chapter **01**

Nikon D3200

机身结构

Nikon D3200 相机

正面结构

① AF 辅助照明器/自拍指示灯/防红眼灯

当拍摄场景的光线较暗时，该灯会亮起，以辅助对焦；使用防红眼闪光模式时，此灯会在主闪光前点亮 1 秒；当设置 2s 或 10s 自拍延时功能时，此灯会连续闪光进行提示

② 反光板

能够将从镜头进入的光线反射至取景器内，使摄影师能够通过取景器进行取景、对焦

③ 安装标记

将镜头上的白色标志与机身上的白色标志对齐，旋转镜头，即可完成镜头的安装

④ 麦克风

在录制视频时，如果把声音录制设置为打开，麦克风会录制单声道音频

⑤ 镜头释放按钮

用于安装或拆卸镜头，按下此按钮并旋转镜头的镜筒，可以把镜头安装在机身上或者从机身上取下来

⑥ 镜头卡口

尼康数码单反相机采用 AF 卡口，可安装所有此卡口的镜头

⑦ CPU接点

通过 CPU 接点，相机可以识别 CPU 镜头（特别是 G 型和 D 型）

⑧ 红外线接收器（前）

用于接收遥控器信号

Nikon D3200 相机

顶部结构

① 内置闪光灯

开启后可为拍摄对象补光

② 动画录制按钮

按下动画录制按钮将开始录制视频，显示屏中会显示录制
指示及可用录制时间

③ 电源开关

用于控制相机的开启及关闭

④ 快门释放按钮

半按快门可以开启相机的自动对焦及测光系统，完全按下
时即可完成拍摄。当相机处于省电状态时，轻按快门可以
恢复工作状态

⑤ 曝光补偿/调整光圈/闪光补偿

按下该按钮并旋转指令拨盘可设置曝光补偿，还可以选择
光圈大小；按下 $\frac{1}{2}$ 和该按钮的同时旋转指令拨盘可设置
闪光补偿

⑥ 信息按钮

按下此按钮时，显示屏中将显示当前的拍摄参数，如光圈、
快门速度及感光度等

⑦ 模式拨盘

选择不同的拍摄模式，以拍摄不同的题材

⑧ 配件热靴盖

用于安装外置闪光灯、无线引闪器及 GPS 等设备

⑨ 照相机背带圈

用于安装相机背带

⑩ 扬声器

用于在播放视频时播放声音

Nikon D3200 相机

背面结构

① 红外线接收器（后）

用于接收遥控信号

② 取景器接目镜

在拍摄时，通过观察取景器目镜中的景物进行取景构图

③ AE-L/AF-L按钮/保护按钮

用于锁定曝光、对焦等，可在设定菜单中改变其设置；在回放照片时，还可以用于保护照片不被删除

④ 指令拨盘

用于改变光圈、快门速度数值或播放照片

⑤ LV按钮/即时取景/动画

按下该按钮，反光板将弹起且镜头视野将出现在相机显示屏中。此时，取景器中将无法看见拍摄对象，在此状态下可以用即时取景状态拍摄照片或录制动画

⑥ 多重选择器

用于选择菜单命令、浏览照片、选择对焦点等操作

⑦ OK（确定）按钮

用于选择或确定当前的操作。在即时取景状态下，也可用于确认开始／停止录制数码短片

⑧ 释放模式/自拍/遥控器

配合指令拨盘可以设置快门的释放方式，如单拍、自拍及连拍，连上遥控器，可以进行离机拍摄

⑨ 删除按钮

按下该按钮，屏幕中将显示一个确认对话框，再次按下该按钮可删除图像并返回播放状态

⑩ 显示屏

用于显示菜单、即时取景、查看照片、播放动画

⑪ 信息编辑按钮

按下此按钮后，可在显示屏的信息界面直接修改拍摄参数

⑫ 缩略图（缩小播放按钮）/帮助按钮

在查看照片时，按下此按钮可以缩小照片；在选择菜单命令或功能时，按下此按钮可查看相关的帮助提示

⑬ 放大按钮

在查看已拍摄的照片时，可以放大照片以观察其局部

⑭ 菜单按钮

按下此按钮后，可显示相机的菜单

⑮ 播放按钮

按下此按钮时，可切换至查看照片状态

Nikon D3200 相机
侧面结构

❶ 闪光模式按钮/闪光补偿按钮

按下此按钮并旋转指令拨盘，可以设置闪光模式。按下此按钮及曝光补偿按钮并旋转指令拨盘可以设置闪光补偿值

❷ Fn功能按钮

此按钮的默认功能为自拍，在设定菜单中可将其变更为其他功能

❸ 接口盖

内有高清电视的 HDMI mini-pin 接口、配件端子、外置麦克风接口、音频连接器以及 USB 接口

❹ 屈光度调节控制器

对于视力不好又不想戴眼镜拍摄的用户，可以通过调整屈光度，以便在取景器中看到清晰的影像

❺ 存储卡插槽盖

用于插入与相机兼容的 SD、SDHC、SDXC 等存储卡

❻ USB和音频/视频接口

将相机连接至电视机或录像机以播放或记录照片

❼ HDMI 迷你针式接口

用 HDMI 线将相机与电视机连接起来，可以在电视机上查看视频

❽ 外置麦克风接口

通过将带有立体声微型插头的外接麦克风连接到相机的外接麦克风输入端子，便可录制立体声

❾ 配件端子

通过将连接器上的◀标记与配件端子旁边的▶对齐，可连接遥控线

Nikon D3200 相机
底部结构

❶ 电池舱盖锁闩

安装电池时，应先移动电池舱盖锁闩，然后打开舱盖

❷ 电池舱盖

用于安装和更换锂离子电池

❸ 三脚架连接孔

用于将相机固定在脚架上。可通过顺时针转动三脚架快装板上的旋钮，将相机固定在三脚架上

❹ 相机序列号

可以在尼康官方网站上查询产品的真伪，也可以采取电话查询方式

Nikon D3200 相机
显示屏

1 图像品质
2 图像尺寸
3 白平衡
4 ISO感光度
5 释放模式
6 对焦模式
7 AF区域模式
8 测光
9 曝光补偿
10 闪光补偿
11 闪光模式

1 自动ISO感光度指示	6 光圈数值	11 光圈示意
2 动态D-Lighting	7 剩余可拍摄张数	12 快门速度示意
3 优化校准	8 帮助图标	13 快门速度数值
4 "蜂鸣音"指示	9 自动区域AF指示	14 拍摄模式

Nikon D3200 相机
取景器

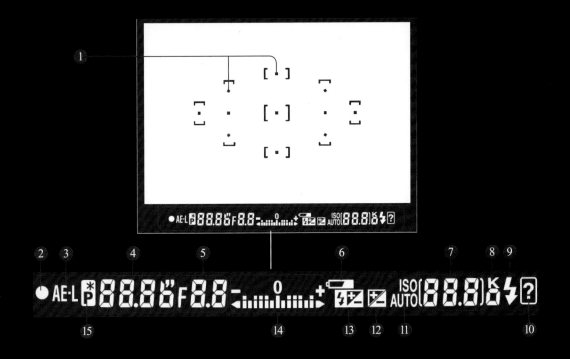

① 对焦点	⑦ 剩余可拍摄张数/内存缓冲区被占满之前的剩余可拍摄张数	⑪ 自动ISO感光度指示
② 对焦指示		⑫ 曝光补偿指示
③ 自动曝光/锁定指示	⑧ "K"（当剩余存储空间不足够拍摄1000张以上时出现）	⑬ 闪光补偿指示
④ 快门速度		⑭ 曝光指示/曝光补偿显示/电子测距仪
⑤ 光圈	⑨ 闪光预备指示灯	⑮ 柔性程序指示
⑥ 电池电量指示	⑩ 警告指示	

焦　　距：260mm
光　　圈：F6.4
快门速度：1/1600s
感 光 度：ISO400

Chapter **02**

Nikon D3200

相机菜单设置详解

Nikon D3200菜单组成

播放菜单 →
删除
播放文件夹
播放显示选项
图像查看
旋转至竖直方向
幻灯播放
DPOF 打印指令

拍摄菜单 →
重设拍摄菜单
设定优化校准
图像品质
图像尺寸
白平衡
ISO感光度设定
动态D-Lighting
自动失真控制
色空间
降噪
AF区域模式
内置AF辅助照明器
测光
动画设定
内置闪光灯闪光控制

设定菜单 →
重设设定选项
格式化存储卡
显示屏亮度
信息显示格式
自动信息显示
清洁图像传感器
向上锁定反光板以便清洁
视频模式
HDMI
闪烁消减
时区和日期
语言（Language）
图像注释
自动旋转图像
图像除尘参照图
自动关闭延迟
自拍
遥控持续时间
蜂鸣音
测距仪
文件编号次序
按钮
空插槽时快门释放锁定
打印日期
存储文件夹
GPS
固件版本

润饰菜单 →
D-Lighting
红眼修正
裁切
单色
滤镜效果
色彩平衡
图像合成
NEF（RAW）处理
调整尺寸
快速润饰

矫正
失真控制
鱼眼
色彩轮廓
彩色素描
透视控制
模型效果
可选颜色
编辑动画

最近的设定

菜单的使用方法

　　Nikon D3200 的菜单功能比较丰富，熟练掌握菜单的相关操作，有利于我们进行更快速、准确的设置。下面先来介绍一下机身上与菜单设置相关的功能按钮。

● 菜单按钮
按下此按钮即可在显示屏中显示菜单项目

● 帮助按钮
在选择各个菜单命令时，按下此按钮可以查看基本的功能介绍

● OK按钮
用于选择菜单命令或确认当前的设置

● 多重选择器
用于选择菜单命令。按下◀或▶方向键还可以在子菜单与父菜单之间进行切换

　　使用菜单时，可以先按下 MENU 按钮，在显示屏中就会显示相应的菜单项目，位于菜单左侧从上到下有 6 个图标，第 1 至 5 个图标代表 5 个菜单项目，依次为播放、拍摄、设定、润饰、最近的设定，最底部的"问号"图标是帮助图标，当"问号"图标出现时，表明有帮助信息，此时可以按下帮助按钮进行查看。

　　菜单的基本操作方法如下。

❶ 要在各个菜单项之间进行切换，可以按下◀方向键切换至左侧的图标栏，再按下▲和▼方向键进行切换。

❷ 在左侧选择一个项目后，按下▶方向键可进入其子菜单中，然后可按下▲和▼方向键选择其中的项目。

❸ 选择一个子命令后，再次按下▶方向键进入其子菜单中，根据不同的参数内容，可以使用指令拨盘、多重选择器等在其中进行参数设置。

❹ 参数设置完毕后，按下▶方向键或OK按钮即可确定参数设置。如果按下◀方向键，则返回上一级菜单中，并不保存当前的参数设置。

❶ 在左列选择菜单项目

❷ 选择子菜单项目

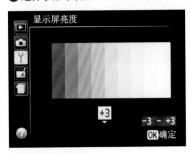

❸ 进行参数选择及设置

▶ 播放菜单：管理图像

在播放菜单中可以进行"删除"、"播放文件夹"、"播放显示选项"、"图像查看"、"旋转至竖直方向"、"幻灯播放"、"DPOF打印指令"7 个选项的设置。

删除

该菜单用于删除相机中的一张或多张照片，包含"所选图像"、"选择日期"、"全部"3 个选项。

删除图像的操作步骤如下。

❶ 选择**播放**菜单中的**删除**选项

❷ 选择**所选图像**选项并按下▶方向键

❸ 按下⊕按钮可将当前选中的照片全屏显示，以便于确认是否删除

❹ 按下⊕按钮选中的照片将被设定为删除，此时照片右上角将出现⑪图标

❺ 如果在步骤❷中选择**选择日期**选项

❻ 选择要删除的日期，然后按⊕按钮选定，再按下 OK 按钮确认

❼ 按下 OK 按钮即可删除选定日期的照片

❽ 如果在步骤❷中选择**全部**选项

❾ 选择**是**选项并按下 OK 按钮，即可删除存储卡中的所有照片

● 所选图像：选择此选项，可以选中单个或多个照片进行删除。

● 选择日期：选择此选项，将删除选定日期拍摄的所有照片。

● 全部：选择此选项，可删除存储卡中的所有照片。

播放文件夹

该菜单用于播放选中的文件夹中的照片，包含"当前"、"全部"两个选项。

● 当前：选择此选项，将播放当前文件夹中的照片。

● 全部：选择此选项，将播放所有文件夹中的照片。

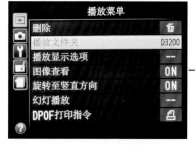

❶ 选择**播放**菜单中的**播放文件夹**选项

❷ 按下▲或▼方向键可选择**当前**或**全部**选项

播放显示选项

该菜单用于选择播放时照片信息显示中的可用信息以及播放过程中画面之间的过渡效果。

更多照片信息

用于设置具体需要在照片旁侧显示的信息。

● 无（仅图像）：选择此选项，在播放照片时将隐藏其他内容，而仅显示当前的图像。

● 加亮显示：选择此选项，播放照片时如果某个局部曝光过度，会加亮显示。

● RGB 直方图：选择此选项，在播放照片时可查看亮度与RGB 直方图。

● 拍摄数据：选择此选项，可显示主要拍摄数据。

● 概览：选择此选项，在播放照片时将能查看到这幅照片的详细拍摄参数。

❶ 选择**播放**菜单中的**播放显示选项**选项

❸ 按下▲或▼方向键加亮显示一个选项，然后按下▶方向键选择用于照片信息显示的选项，☑将出现在所选项目旁；设置好要显示的项目后，选择**完成**选项，然后按下 OK 按钮确认设定

❷ 按下 OK 按钮，选择**更多照片信息**选项并按下▶方向键

❹ 如果在步骤❷ 中选择了**过渡效果**选项

❺ 按下▲或▼方向键可选择**滑入**、**缩放/渐变**以及**无**选项

过渡效果

用于设置播放照片时画面之间的过渡效果，可在"滑入"、"缩放/渐变"以及"无"中进行选择。

● 滑入：当前画面被下一幅画面推出显示屏。

● 缩放/渐变：运用缩放效果，使当前画面隐没在下一幅画面中。

● 无：画面之间没有过渡效果。

▲ 文件信息

▲ 总体数据

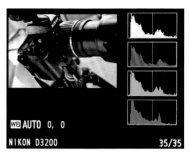
▲ RGB 直方图

▲ 加亮显示

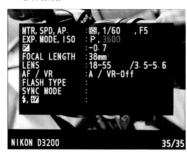
▲ 拍摄数据 1

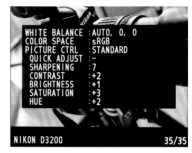
▲ 拍摄数据 2

在显示照片时，显示屏将同时显示若干与照片相关的参数，下面的图示中标出了这些参数的含义。

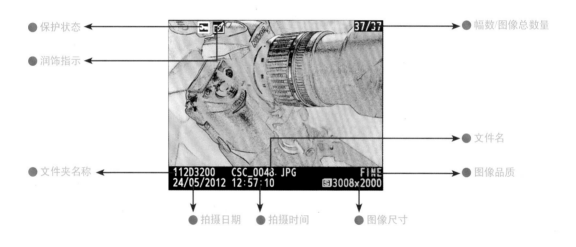

● 保护状态
● 润饰指示
● 文件夹名称
● 幅数/图像总数量
● 文件名
● 图像品质
● 拍摄日期
● 拍摄时间
● 图像尺寸

图像查看

　　该菜单用于选择拍摄后是否立即自动在显示屏中显示照片。

　　● 开启：选择此选项，可在拍摄后查看照片，直至显示屏自动关闭或执行半按快门按钮等操作为止。

　　● 关闭：选择此选项，则照片只在按下播放按钮 ▶ 时才显示。

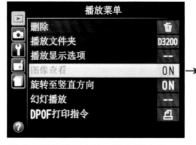
❶ 选择播放菜单中的图像查看选项

❷ 按下▲或▼方向键可选择开启或关闭选项

旋转至竖直方向

该菜单用于选择是否将照片旋转为竖直方向（人像方向），以便在播放时显示。

"旋转至竖直方向"菜单中包含"开启"和"关闭"两个选项。

● 开启：选择此选项，竖拍照片在显示屏中将被自动旋转为竖向显示。

● 关闭：选择此选项，竖拍照片将以横向显示。

❶ 选择**播放**菜单中的**旋转至竖直方向**选项

❷ 按下▲或▼方向键可选择**开启**或**关闭**选项

▲ 开启"旋转至竖直方向"功能时，竖拍照片的浏览状态

▲ 关闭"旋转至竖直方向"功能时，竖拍照片的浏览状态

▲ 把相机旋转过来拍摄的竖版图像，被自动旋转为竖直方向显示，以便于浏览

幻灯播放

该菜单用于将当前播放文件夹中的照片以幻灯片的形式播放,包含"开始"、"图像类型"、"画面间隔"和"过渡效果"4个选项。

开始

当设置完所有参数后,可以选择此选项,并按下 OK 按钮,以立即开始播放幻灯片。幻灯片播放结束后,屏幕上会显示对话框,选择"重新开始"则重新播放;选择"退出"则返回播放菜单。

图像类型

用于确定以幻灯片效果播放的文件类型,在此可以选择"静止图像和动画"、"仅静止图像"和"仅动画"3 个选项。

画面间隔

用于选择每张照片显示的时间长度,有"2 秒"、"3 秒"、"5 秒"、"10 秒"4 个选项供选择。

过渡效果

用于设置以幻灯片形式播放的照片之间的过渡效果,可以选择"缩放/渐变"、"立方体"、"无"3 个选项,各选项的含义如下。

● 缩放/渐变:选择此选项,将运用缩放效果,使当前画面隐没在下一幅画面中。

● 立方体:选择此选项,将以旋转立方体的形式进行过渡,当前照片显示在立方体的一面,下一幅照片显示在另一面。

● 无:选择此选项,画面之间将没有过渡效果。

❶ 选择**播放**菜单中的**幻灯播放**选项

❷ 选择**开始**选项并按下 OK 按钮即可开始播放

❸ 如果在步骤❷中选择**图像类型**选项

❹ 按下▲或▼方向键可选择**静止图像和动画**、**仅静止图像**以及**仅动画**选项

❺ 如果在步骤❷中选择**画面间隔**选项

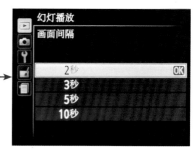

❻ 按下▲或▼方向键可选择 2 秒、3 秒、5 秒、10 秒选项

❼ 如果在步骤❷中选择**过渡效果**选项

❽ 按下▲或▼方向键可选择**缩放/渐变**、**立方体**、**无**选项

在幻灯片播放过程中可以进行以下操作。

目　的	操作按钮	说　明
向后 / 向前显示画面	⊙	按下◀方向键可返回前一幅画面，按下▶方向键则跳至下一幅画面
查看其他照片信息	⊙	更改所显示的照片信息
暂停 / 恢复幻灯播放	⊙	按下可暂停幻灯片播放，再次按下则恢复幻灯片播放
提高 / 降低音量	⊕/⊖(?)	在动画播放期间，按下⊕可提高音量，按下⊖(?)则降低音量
退回播放模式	▶	结束幻灯片播放并返回播放模式
退回拍摄模式	🖐	半按快门释放按钮，显示屏将被关闭；可立即拍摄照片

📷 拍摄菜单：设定拍摄选项

按下 MENU 按钮并选择📷标签，可以显示拍摄菜单。拍摄菜单中包含"重设拍摄菜单"、"设定优化校准"、"图像品质"、"白平衡"、"动态 D-Lighting"等 15 个选项。

重设拍摄菜单

该菜单用于将拍摄菜单选项恢复至默认设置。

完成重设拍摄菜单后，拍摄菜单中各选项的默认设置如下表所示。

选　项		默认设置
对焦点		中央
柔性程序		关闭
AE-L/AF-L 按钮（保持）		关闭
对焦模式	取景器	自动伺服AF
	即时取景/动画	单次伺服AF
ᴬᵁᵀᴼ、🏃、💃、🌷、🏔、🎭、⚡ P、S、A、M		单张拍摄
🏃		连拍
闪光模式	ᴬᵁᵀᴼ、🏃、💃、🌷	自动前帘同步
	🎭	自动慢速同步
	P、S、A、M	前帘同步
曝光补偿		关闭
闪光补偿		关闭

❶选择**拍摄**菜单中的**重设拍摄菜单**选项

❷按下▲或▼方向键可选择是否将拍摄菜单选项恢复为默认设置

设定优化校准

该菜单用于选择适合拍摄对象或拍摄场景的优化校准，包含"标准"、"自然"、"鲜艳"、"单色"、"人像"和"风景"6 个选项。该菜单仅适用于 P 挡程序自动模式、S 挡快门优先模式、A 挡光圈优先模式和 M 挡全手动模式，各选项的作用如下。

- SD标准：此风格是最常用的照片风格，拍出的照片画面清晰，色彩鲜艳、明快。在大多数情况下推荐使用此选项。
- NL自然：进行最低程度的处理以获得自然效果。在要进行后期处理或润饰照片时选用。
- VI鲜艳：进行增强处理以获得鲜艳的图像效果。在强调照片主要色彩时选用。
- MC单色：使用该风格可拍摄黑白或单色的照片。
- PT人像：使用该风格拍摄人像时，人的皮肤会显得更加柔滑、细腻。
- LS风景：此风格适合拍摄风光，对画面中的蓝色和绿色有非常好的表现。

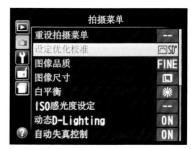

❶ 选择**拍摄**菜单中的**设定优化校准**选项

❷ 按下▲或▼方向键可选择预设的优化校准选项

▼ 拍摄时选择了"风景"优化校准选项，从而得到了颜色饱和、鲜艳的画面效果

焦　　距：19mm
光　　圈：F22
快门速度：1/2s
感 光 度：ISO100

图像品质

该菜单用于选择文件格式和压缩比。

❶ 选择**拍摄**菜单中的**图像品质**选项

❷ 按下▲或▼方向键可选择文件存储的格式及品质

图像品质菜单中各选项的含义如下表所示。

选　项	文件类型	说　明
NEF（RAW）+JPEG 精细	NEF/JPEG	记录两张图像：一张 NEF (RAW) 图像和一张精细品质的JPEG 图像
NEF（RAW）	NEF	来自图像感应器的 12 位原始数据直接保存到存储卡上。拍摄将来需要在计算机上处理的图像时选用
JPEG 精细	JPEG	以大约 1：4 的压缩率记录 JPEG 图像（精细图像品质）
JPEG 标准		以大约 1：8 的压缩率记录 JPEG 图像（标准图像品质）
JPEG 基本		以大约 1：16 的压缩率记录 JPEG 图像（基本图像品质）

◀ 同为小尺寸时，选择不同画质时的画面局部效果对比

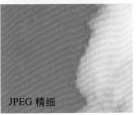

JPEG 精细

JPEG 基本

JPEG 精细

JPEG 基本

图像尺寸

虽然 Nikon D3200 的有效像素量高达 2400 万，最大输出尺寸可达 6016×4000，但在大多数情况下，无需输出尺寸如此之大的照片，此时，可以通过选择"图像尺寸"菜单中的选项来得到不同尺寸的照片。

图像尺寸是以像素来衡量的，共有大、中、小 3 种。

❶ 选择**拍摄**菜单中的**图像尺寸**选项

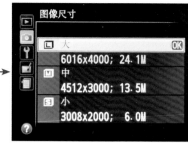

❷ 按下▲或▼方向键可选择照片的尺寸（当选择 RAW 品质进行拍摄时，此选项不可用）

白平衡

该菜单用于设定白平衡，确保照片能够准确还原被摄场景的色彩。大多数情况下，推荐使用自动白平衡，各白平衡模式的功能如下。

● 自动白平衡：即由相机自动调整白平衡，其准确性相当高，在拍摄绝大多数题材时都能够很好地还原现场色彩。

● 白炽灯白平衡：在很多室内环境拍摄时，如宴会、婚礼、舞台等，由于色温较低，因此采用钨丝灯白平衡，可以得到较好的色彩还原。若此时使用自动白平衡，则很容易出现偏色（黄）的问题。

● 荧光灯白平衡：在拍摄以白色荧光灯作为主光源的环境时，能够得到较好的色彩还原。但如果是其他颜色的荧光灯，如冷白或暖黄等，使用此白平衡模式得到的结果会有不同程度的偏色，因此还是应该根据实际环境来选择。建议拍摄一张照片作为测试，以判断色彩还原是否准确。

❶ 选择**拍摄**菜单中的**白平衡**选项

❷ 按下▲或▼方向键可选择不同的预设白平衡

● 晴天白平衡：适用于空气较为通透或天空有少量薄云的晴天，但如果是在正午时分，环境的色温已经达到5800K，又或者是日出前、日落后，色温仅有3000K左右，此时使用日光白平衡很难得到正确的色彩还原。

● 闪光灯白平衡：此白平衡在以闪光灯作为主光源拍摄时，能够获得较好的色彩还原。但要注意的是，不同的闪光灯，其色温也不尽相同，因此还要通过实拍测试，才能确定色彩还原是否准确。

● 阴天白平衡：适用于在云层较厚的天气或阴天的环境。

● 背阴白平衡：拍摄如建筑物或大树下的阴影时，由于其色温较高，使用此白平衡模式可以获得较好的色彩还原效果。反之，如果不使用阴影白平衡，则可能会产生不同程度的蓝色，即所谓的"阴影蓝"。

▲ 自动白平衡

▲ 白炽灯白平衡

▲ 荧光灯白平衡

▲ 晴天白平衡

▲ 闪光灯白平衡

▲ 阴天白平衡

▲ 背阴白平衡

ISO 感光度设定

该菜单用于设置 ISO 感光度，包含"ISO 感光度"、"自动 ISO 感光度控制"、"最大感光度"和"最小快门速度"4 个选项。

设置 ISO 感光度数值

当需要改变 ISO 感光度的数值时，可以在拍摄菜单的"ISO 感光度设定"选项中进行设置。

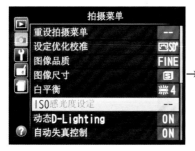  

❶ 在**拍摄**菜单中选择 ISO **感光度设定**选项

❷ 选择 ISO **感光度**选项

❸ 按下▲或▼方向键可选择不同的感光度数值

自动 ISO 感光度控制

在"自动 ISO 感光度控制"选项中选择"开启"时，可以对"最大感光度"和"最小快门速度"两个选项进行设定。

- 最大感光度：选择此选项，可设置自动感光度的最大值。
- 最小快门速度：选择此选项，当开启"自动 ISO 感光度控制"功能时，可以指定一个快门速度的最低数值，即当快门速度低于此数值时，才由相机自动提高感光度数值。

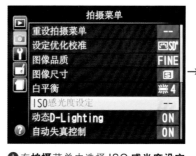 

❶ 在**拍摄**菜单中选择 ISO **感光度设定**选项

❷ 选择**自动** ISO **感光度控制**选项并按下 OK 按钮

❸ 按下▲或▼方向键选择**开启**或**关闭**自动 ISO 感光度控制功能

❹ 如果在步骤❷中选择**最大感光度**选项

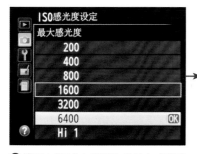  

❺ 按下▲或▼方向键可选择最大感光度数值

❻ 如果在步骤❷中选择**最小快门速度**选项

❼ 按下▲或▼方向键可选择最小快门速度数值

动态 D-Lighting

在拍摄光比较大的画面时容易丢失细节，当亮部过亮、暗部过暗或明暗反差较小时，启用"动态 D-Lighting"功能可以进行不同程度的校正。

例如，在直射明亮阳光下拍摄时，拍出的照片中容易出现较暗的阴影与较亮的高光区域，启用"动态 D-Lighting"功能，可以确保所拍摄照片中的高光和阴影的细节不会丢失，因为此功能会使照片的曝光稍欠一些，有助于防止照片的高光区域完全变白而显示不出任何细节，同时还能够避免因为曝光不足而使阴影区域中的细节丢失。

该功能与矩阵测光一起使用时，效果最为明显。

通过对比可以看出，使用动态 D-lighting 前后的效果还是有很大差别的，处理前的照片明暗对比较大，而使用后的照片暗部及亮部的细节都有很大的改善。

❶ 在**拍摄**菜单中选择**动态** D-Lighting 选项

❷ 按下▲或▼方向键可选择**开启**或**关闭**选项

▲ 使用前　　　　　　　　　　　▲ 使用后

自动失真控制

该菜单用于改善使用广角镜头拍摄时出现的桶形失真和使用长焦镜头拍摄时出现的枕形失真现象。

在该菜单中选择"开启"选项，即可启动该功能（请注意，取景器中可视区域的边缘在最终照片中可能会被裁切掉，并且处理照片所需时间可能会增加）。该选项仅适用于 G 型和 D 型镜头（PC、鱼眼等镜头除外）。

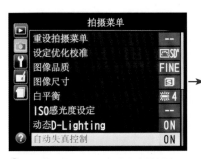

❶ 在**拍摄**菜单中选择**自动失真控制**选项

❷ 按下▲或▼方向键可选择**开启**或**关闭**选项

色空间

该菜单用于设置色彩还原的可用色阶,包含"sRGB"和"Adobe RGB"两个选项。

如果照片用于书籍或杂志印刷,最好选择 Adobe RGB 色空间,因为它是 Adobe 专门为印刷开发的,因此允许的色彩范围更大,包含了很多在显示器上无法存在的颜色,如绿色区域中的一些颜色,这些颜色会使印刷品呈现更细腻的色彩过渡效果。

如果照片用于数码彩扩、屏幕投影展示、电脑显示屏展示等用途,最好选择 sRGB 色空间。

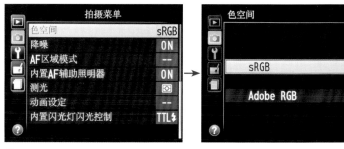

❶ 在**拍摄**菜单中选择**色空间**选项

❷ 按下▲或▼方向键可选择 sRGB 或 Adobe RGB 选项

焦　　距	：97mm
光　　圈	：F22
快门速度	：1/100s
感 光 度	：ISO320

▲ 使用 sRGB 色空间拍摄的自然风光,多用于在电脑上查看

降噪

该菜单用于减少画面中的噪点。

选择"开启"选项可减少画面中的噪点（不规则间距明亮像素、条纹或雾像），特别是对于在高 ISO 感光度、快门速度低于 1 秒或相机内部温度升高的情况下所拍摄的照片，处理这些照片所需的时间约增加一倍；在处理过程中，取景器中的 **Job nr** 将会闪烁且无法拍摄照片。

若在处理完毕前关闭相机，将不会执行降噪。选择"关闭"选项，则仅在使用高 ISO 感光度拍摄时才执行降噪，并且降噪量比选择"开启"选项时要少。

❶ 在**拍摄**菜单中选择**降噪**选项

❷ 按下▲或▼方向键可选择**开启**或**关闭**选项

从右侧的对比图中可以看出，在采用 ISO800 以下的感光度拍摄时，开启"降噪"功能对噪点和画质的影响比较小；当感光度达到 ISO800 时，会发现噪点与画质有所改善，但效果并不明显；当感光度数值超过 ISO1600 以后，开启"降噪"功能会对画面效果产生非常明显的影响，不仅仅表现在噪点方面，而且对画面的色温也会有非常大的影响，整个画面的颜色出现了明显的变化。

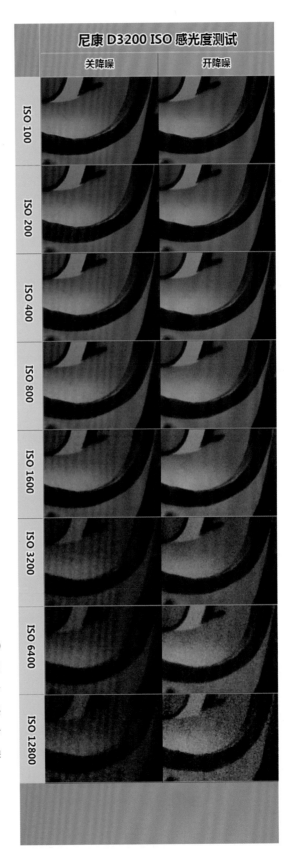

AF 区域模式

该菜单用于设定自动对焦时选择对焦点的方式。在取景器和即时取景 / 动画状态下都可以进行设置。需要注意的是，若将对焦模式设置为 AF-S 单次伺服自动对焦，动态区域 AF 和 3D 跟踪（11 个对焦点）将不可用。

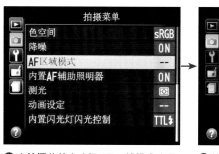

❶ 在**拍摄**菜单中选择 AF **区域模式**选项

❷ 按下 OK 按钮选择**取景器**选项

❸ 按下▲或▼方向键可选择不同的 AF 区域模式

❹ 如果在步骤❷中选择了**即时取景 / 动画**选项

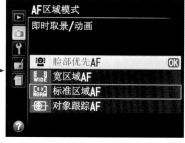

❺ 按下▲或▼方向键可为即时取景拍摄状态或动画拍摄状态选择不同的 AF 区域模式

下表为 Nikon D3200 以取景器模式拍摄照片时可用的自动对焦区域模式。

选 项	说 明
[ ] 单点 AF	使用多重选择器选择对焦点后，相机仅对焦于所选对焦点上的拍摄对象。用于拍摄静止的对象
[ ] 动态区域 AF	在 AF-A 和 AF-C 对焦模式下，使用多重选择器选择对焦点后，若拍摄对象暂时偏离所选对焦点，相机将根据来自周围对焦点的信息进行对焦。用于拍摄不规则运动中的对象
[ ] 自动区域 AF	相机自动侦测拍摄对象并选择对焦点
[3D] 3D 跟踪（11 个对焦点）	在 AF-A 和 AF-C 对焦模式下，使用多重选择器选择对焦点后，若拍摄对象出现移动，相机将使用 3D 跟踪选择新对焦点，将对焦锁定于原始拍摄对象。用于拍摄运动剧烈且规律性不强的对象

下表为 Nikon D3200 在即时取景拍摄状态或动画录制状态下可用的自动对焦区域模式。

对焦区域模式	功 能
[ ] 脸部优先 AF	相机自动侦测并对焦于面向相机的人物脸部，适用于拍摄人像。通过实际拍摄测试，该模式在对焦速度及成功率方面还是非常高的
[ ] 宽区域 AF	适用于以手持方式拍摄风景和其他非人物对象
[ ] 标准区域 AF	此时的对焦点较小，适用于精确对焦于画面中的所选点。使用该模式时推荐搭配使用三脚架
[ ] 对象跟踪 AF	可跟踪画面中移动的拍摄对象，将对焦点置于拍摄对象上并按下⊗按钮，对焦点将跟踪画面中移动的所选拍摄对象；要结束跟踪，再次按下⊗按钮即可

内置 AF 辅助照明器

　　该菜单用于光线不足时，点亮 AF 辅助照明器以辅助对焦操作。

　　在取景器中构图且环境光照不充分时，选择"开启"选项后，内置 AF 辅助照明器将会照亮远处的被摄对象，以便于相机进行准确对焦。另外，使用防红眼闪光模式时，此灯会在发出主闪光前点亮 1 秒，以使人眼的瞳孔收缩，防止在照片中出现红眼现象。

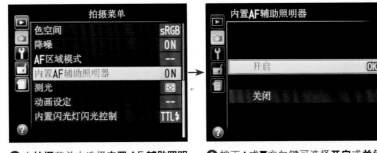

❶ 在**拍摄**菜单中选择**内置 AF 辅助照明器**选项　　❷ 按下▲或▼方向键可选择**开启**或**关闭**选项

测光

　　该菜单用于设置测光模式，各测光模式的说明参见下表。

测光方式	说　明
▣矩阵测光	相机测量取景画面全部景物的平均亮度值，并以此作为曝光的依据。在主体和背景明暗反差不大时，使用矩阵测光模式一般可以获得准确曝光，此模式最适合拍摄日常及风光题材
◉中央重点测光	在此模式下，相机也将针对整个画面进行测光分析，但优先重点考虑画面中间部分，常用于人像摄影
⊡点测光	点测光只对画面中央区域的很小部分（也就是光学取景器中央对焦点周围约1.5%的小区域）进行测光，因此具有相当高的准确性。当主体和背景的亮度差异较大时，最适合使用此测光模式拍摄

❶ 在**拍摄**菜单中选择**测光**选项

❷ 按下▲或▼方向键可选择**矩阵测光**、**中央重点测光**或**点测光**选项

焦　　距：135mm
光　　圈：F2.8
快门速度：1/320s
感 光 度：ISO100

◀ 使用点测光对人物脸部进行准确测光，模特白皙、细腻的皮肤得到正确曝光

内置闪光灯闪光控制

该菜单用于选择在 P 挡程序自动模式、S 挡快门优先模式、A 挡光圈优先模式和 M 挡全手动模式下内置闪光灯的闪光模式。

选 项	说 明
TTL	根据拍摄环境自动调整闪光量
手动	仅可在全光和1/32（全光的1/32）之间选择闪光级别。在全光级别下，内置闪光灯的闪光指数为13

❶ 在**拍摄**菜单中选择**内置闪光灯闪光控制**选项

❷ 按下▲或▼方向键可选择 TTL 或**手动**选项

焦　　距：98mm
光　　圈：F5.7
快门速度：1/80s
感 光 度：ISO200

▲ 使用内置闪光灯的 TTL 闪光模式，通常都能使人物得到正确的曝光

🔧 设定菜单：相机设定

设定菜单包含"重设设定选项"、"格式化存储卡"、"显示屏亮度"、"信息显示格式"等 27 个选项。

重设设定选项

该菜单用于将设定菜单中除视频模式、时区和日期、语言（Language）及存储文件夹以外的所有设定恢复为默认设置。

❶ 在**设定**菜单中选择**重设设定选项**选项

❷ 按下▲或▼方向键可设置是否将设定菜单恢复为默认设置

格式化存储卡

　　该菜单用于进行存储卡的格式化操作。需要注意的是，格式化会永久删除所选插槽中存储卡上的所有照片及其他数据。

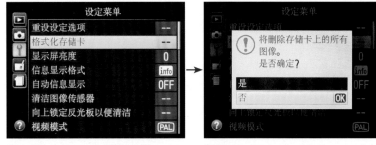

❶ 在**设定**菜单中选择**格式化存储卡**选项　❷ 按下▲或▼方向键选择**是**即可对存储卡进行格式化

显示屏亮度

　　通常应将显示屏的明暗调整到与最后的画面效果接近的亮度，以便于查看所拍摄照片的效果，并可随时调整相机设置，从而得到曝光合适的画面。

　　在环境光线较暗的地方拍摄时，为了方便查看，还可以将显示屏的显示亮度调得低一些，这样不仅能够保证清晰显示照片，还能够节电。显示屏的亮度可以根据个人的喜好进行设置。

　　为了避免曝光错误，建议不要过分依赖显示屏的显示，要养成查看柱状图的习惯。

　　如果希望显示屏中显示的照片效果与显示器的显示效果接近或相符，可以在相机及电脑上浏览同一张照片，然后按照视觉效果调整相机显示屏的亮度，当然，前提是我们要确认显示器显示的结果是正确的。

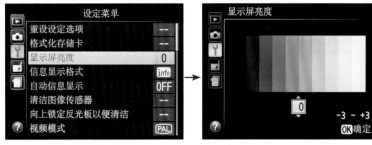

❶ 在**设定**菜单中选择**显示屏亮度**选项　❷ 按下▲或▼方向键可提高或降低显示屏的亮度

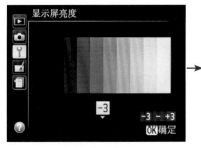

❸ 设置 -3 时的显示屏亮度

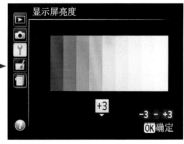

❹ 设置 +3 时的显示屏亮度

信息显示格式

该菜单用于选择信息显示格式，包含"经典"和"图形"两个选项。

❶ 在**设定**菜单中选择**信息显示格式**选项

❷ 按下▲或▼方向键可选择**经典**或**图形**选项

❸ 选择**经典**选项后，按下▲或▼方向键可选择不同的背景色

❹ 若在步骤❷中选择**图形**选项，按下▲或▼方向键可选择不同的背景色

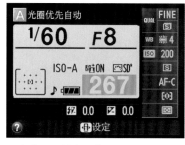

▲ 经典显示模式下背景色为蓝色

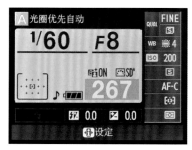

▲ 经典显示模式下背景色为橙色

自动信息显示

若选择"开启"选项，以"经典"或"图形"格式显示的拍摄参数信息将在半按快门释放按钮后出现；若图像查看处于关闭状态，它还将在拍摄后立即显示。

如果在拍摄过程中需经常参阅拍摄信息，应选择"开启"选项；若选择"关闭"选项，则可通过按下 ⊞ 按钮来查看拍摄参数信息。

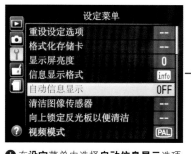

❶ 在**设定**菜单中选择**自动信息显示**选项

❷ 按下▲或▼方向键选择**开启**或**关闭**选项

清洁图像传感器

该菜单用于清洁图像传感器，包含"立即清洁"和"启动／关闭时清洁"两个选项。

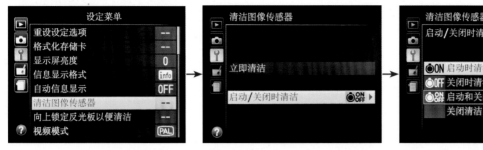

❶ 在**设定菜单**中选择**清洁图像传感器**选项

❷ 按下▲或▼方向键可选择**立即清洁**或**启动／关闭时清洁**选项

❸ 若选择了**启动／关闭时清洁**选项，按下▲或▼方向键可选择不同的选项

●立即清洁：选择此选项，在任何时候均可立即清洁图像传感器。

●启动／关闭时清洁：选择此选项，在其子菜单中可以设置清洁图像传感器的时间，各选项的具体含义如下表所示。

选　项	说　明
●ON启动时清洁	每次开启相机的同时自动清洁图像传感器
●OFF关闭时清洁	每次关闭相机的同时自动清洁图像传感器
●ON●OFF启动和关闭时清洁	启动和关闭相机的同时自动清洁图像传感器
关闭清洁	关闭自动清洁图像传感器功能

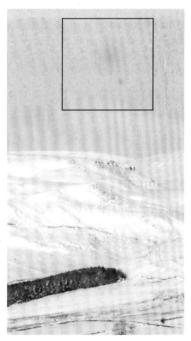

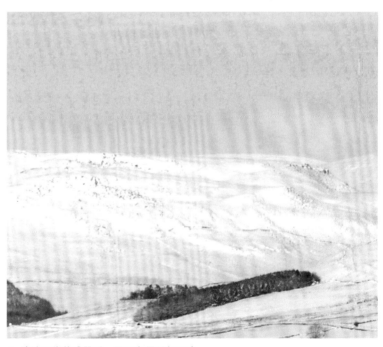

▲ 由于很长时间没有清洁图像传感器，导致画面中出现难看的污点

▲ 清洁图像传感器后，画面变得更加干净

向上锁定反光板以便清洁

该菜单用于在无法使用"清洁图像传感器"功能进行相机图像传感器清洁时，手动清洁图像传感器。

手动清洁图像传感器的操作步骤如下。

❶ 关闭相机，插入充满电的EN-EL14 电池或连接另购的EP-5A 相机电源连接器和EH-5b 电源适配器，然后取下镜头。

❷ 开启相机，然后按下MENU按钮显示菜单。在设定菜单中选择"向上锁定反光板以便清洁"选项并按下▶方向键（请注意，电池电量级别为█▆▆或以下时，该选项无效）。

❸ 完全按下快门释放按钮。反光板将弹起，快门帘幕也将打开，可看到低通滤波器。

❹ 用吹气球去除滤波器上的所有灰尘和浮屑。请勿使用吹风刷，因为刷毛可能会损坏滤波器。若使用吹气球无法去除脏物，可将滤波器送至尼康授权的服务点进行清洁。任何情况下都不得触摸或擦拭滤波器。

❺ 清洁完毕，关闭相机，反光板会自动降下，快门帘幕也将被关闭。最后重新安装好镜头或机身盖。

❶ 在**设定**菜单中选择**向上锁定反光板以便清洁**选项

❷ 选择**开始**选项并按下 OK 按钮

闪烁消减

该菜单用于减少即时取景或视频录制过程中在荧光灯或水银灯下拍摄时产生的闪烁和条带痕迹。可根据当地交流电源的频率手动选择。

若无法确定当地电源的频率，可分别选择 50Hz 和 60Hz 两个选项进行测试，并从中选择效果较佳的选项。若拍摄对象过于明亮，闪烁消减可能无法产生预期效果，此时，可选择 A 挡光圈优先模式或 M 挡全手动模式，并在开始即时取景之前选择较小的光圈（较大 F 值）。注意，在 M 挡全手动模式下，当将"手动动画设定"设为"开启"时，此功能不可用。

❶ 在**设定**菜单中选择**闪烁消减**选项

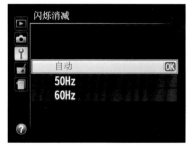

❷ 按 下 ▲ 或 ▼ 方 向 键 可 选 择 **自 动**、50Hz、60Hz 选项

时区和日期

该菜单用于更改时区、设定相机时钟、选择日期格式以及开启或关闭夏令时。

❶ 在**设定**菜单中选择**时区和日期**选项

❷ 按下▲或▼方向键选择**时区**选项，然后按下▶方向键

❸ 按下◀或▶方向键可选择不同的时区

❹ 若在步骤❷中选择了**日期和时间**选项

❺ 按下▲或▼方向键可设置日期和时间参数

❻ 若在步骤❷中选择了**日期格式**选项

❼ 按下▲或▼方向键可选择日期显示的类型

❽ 若在步骤❷中选择了**夏令时**选项

❾ 按下▲或▼方向键可选择**开启**或**关闭**选项

选 项	说 明
时区	用于选择时区。选择后相机时钟将被自动设为新时区的时间
日期和时间	用于设定相机时钟
日期格式	用于选择日、月、年的显示顺序
夏令时	用于开启或关闭夏令时。设定之后，相机时钟将自动提前或迟后一个小时。默认设定为"关闭"

语言（Language）

该菜单用于设置相机菜单及信息的显示语言。

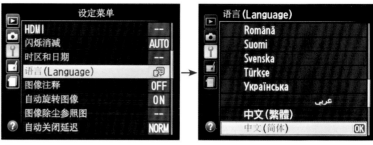

❶在**设定**菜单中选择**语言**(Language)选项

❷按下▲或▼方向键选择相机菜单及信息的显示语言

图像注释

该菜单用于在拍摄时为新照片添加注释。注释可作为元数据在 ViewNX 2 或 Capture NX 2 中进行查看。

❶在**设定**菜单中选择**图像注释**选项

❷按下▲或▼方向键可选择**完成**、**输入注释**、**附加注释**选项

❸若在步骤❷中选择了**输入注释**选项，使用多重选择器在键盘区加亮显示所需字符，按下 OK 按钮确认，按下🔍按钮可保存更改并返回**设定**菜单

❹若在步骤❷中选择了**附加注释**选项

❺按下▶方向键可开启或关闭附加注释功能

- ●完成：用于保存更改并返回设定菜单。
- ●输入注释：用于输入注释，最长可达 36 个字符。
- ●附加注释：用于为将来拍摄的所有照片添加注释，通过选择该选项并按下▶方向键，可开启和关闭"附加注释"功能。

自动旋转图像

选择"开启"选项，则拍摄的照片能够纪录相机方向信息，这些照片在播放过程中或者在ViewNX 2 和 Capture NX 2 中查看时会自动进行旋转。

可记录的方向包括风景（横向）方向、相机顺时针转动90°、相机逆时针转动90°。

当选择"关闭"选项时，拍摄的照片将不记录相机方向信息。

❶ 在**设定菜单**中选择**自动旋转图像**选项

❷ 按下▲或▼方向键可选择**开启**或**关闭**自动旋转图像功能

▲ 风景（横向）方向

▲ 相机顺时针旋转90°

▲ 相机逆时针旋转90°

图像除尘参照图

该菜单用于获取 Capture NX 2 中的图像除尘参考数据。

仅当相机上安装了 CPU 镜头时，"图像除尘参照图"功能才有效，建议使用焦距至少为 50mm 的镜头。使用变焦镜头时，应将图像放至最大。

● 开始：选择此选项，则取景器将显示"rEF"提示信息，此时将对焦方式设置成为 M（手动对焦），并拧动对焦环将其设置为无穷远，然后对距离镜头 10cm 远的普通白色明亮物体进行拍摄即可。拍摄时要让此物体充满整个取景器。按此方法完成拍摄后，相机即可获得图像除尘参考数据。

● 清洁传感器后启动：选择此选项，相机将在清洁图像传感器后再进行拍摄。这样相机获得的图像除尘数据更准确，因为在拍摄前清洁传感器有可能去除一些很小的尘埃。但整个拍摄操作过程仍然如上所述，即先将对焦方式设置成为手动对焦，并将对焦点设置在无穷远处，然后对距离镜头 10cm 左右的普通白色明亮物体进行拍摄。

❶ 在**设定菜单**中选择**图像除尘参照图**选项

❷ 按下▲或▼方向键可选择**开启**或**清洁传感器后启动**选项

47

自动关闭延迟

　　该菜单用于设置在菜单显示和播放过程中、拍摄后在显示屏中显示照片以及即时取景过程中，未执行任何操作时显示屏保持开启的时间长度。它还决定未执行任何操作时测光系统、取景器和信息显示保持开启的时间长度。一般情况下，应选择较短的自动关闭延迟时间以减少电池电量的消耗。

　　在"自动关闭延迟"菜单中，可以对"播放/菜单"、"图像查看"、"即时取景"以及"待机定时器"的延迟时间进行自定义设定。

❶ 在**设定**菜单中选择**自动关闭延迟**选项

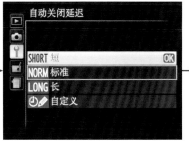

❷ 按下▲或▼方向键可选择**短、标准、长、自定义**等选项

❸ 若在步骤❷中选择了**自定义**选项

❹ 按下▲或▼方向键可选择**完成、播放/菜单、图像查看、即时取景**以及**待机定时器**选项

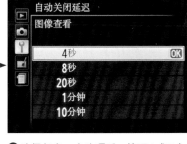

❺ 选择任意一个选项后，按下▲或▼方向键可以在此设置自动关闭延迟的时间

▼ 在野外拍摄时，将自动关闭延迟时间设置得较短，有利于保持电池的电量，延长拍摄时间

焦　　距：500mm
光　　圈：F5.6
快门速度：1/640s
感 光 度：ISO800

自拍

该菜单用于设置选择自拍模式时相机在拍摄前等待的时间长度。

  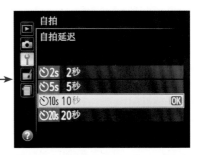

❶ 在**设定菜单**中选择**自拍**选项

❷ 按下▲或▼方向键可选择**自拍延迟**或**拍摄张数**选项

❸ 选择**自动延迟**选项后，按下▲或▼方向键可选择自拍延迟的时间长度

❹ 若在步骤❷中选择了**拍摄张数**选项

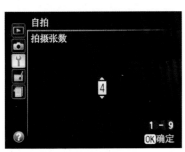

❺ 按下▲和▼方向键可以选择总共要拍摄的照片数量

焦　　距：85mm
光　　圈：F1.8
快门速度：1/2500s
感 光 度：ISO100

▶ 启动"自拍"功能后，模特快速进入画面并且摆好动作。虽然构图不是非常完美，但画面效果还是相当不错的

蜂鸣音

开启"蜂鸣音"功能时，在以下情况下相机将会发出蜂鸣音：使用 AF-S 单次伺服自动对焦模式拍摄相机合焦时；使用 AF-A 自动伺服自动对焦模式拍摄静止对象相机合焦时；当使用即时取景模式拍摄相机合焦时。在自拍模式下，计时器进行倒计时的过程中，使用快速响应遥控拍摄模式拍摄照片后，无论选择哪个选项，在录制动画或安静快门释放模式下，相机都不会发出蜂鸣音。

❶ 在**设定**菜单中选择**蜂鸣音**选项

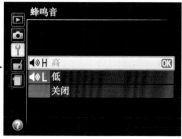

❷ 按下▲或▼方向键可选择**高、低、关闭**选项

遥控持续时间

该菜单用于设定取消当前所选遥控释放模式并恢复上一次所选释放模式之前，相机将等待遥控器信号的时间长度。

例如，如果选择了"1 分钟"选项，则 1 分钟之内如果未进行拍摄，则遥控拍摄模式自动被取消。

❶ 在**设定**菜单中选择**遥控持续时间**选项

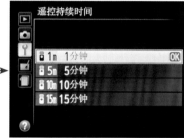

❷ 按下▲或▼方向键可选择所需要的时间，按下 OK 按钮确认

测距仪

在该菜单中选择"开启"选项时，可通过曝光指示来判断相机在手动对焦模式下是否正确对焦。

需要注意的是，在 M 挡手动曝光模式下，此指示仅用于表示拍摄对象是否得到了正确曝光。

取景器中各类指示符号的含义如下表所示。

❶ 在**设定**菜单中选择**测距仪**选项

❷ 按下▲或▼方向键可选择**开启**或**关闭**选项

指 示	说 明	指 示	说 明
0	相机清晰对焦	0 ▶	对焦点位于拍摄对象稍后位置
◀ 0	对焦点位于拍摄对象稍前位置	0	对焦点位于拍摄对象颇后位置
◀ 0	对焦点位于拍摄对象颇前位置		相机无法确定是否正确对焦

文件编号次序

　　该菜单用于设置文件编号次序,包含"开启"、"关闭"、"重设"3个选项。拍摄照片后,相机通过将上次使用的文件编号加1来命名文件。该菜单控制在新建一个文件夹、格式化存储卡或在相机中插入一张新的存储卡后,是否从上次使用的文件编号后连续编号。

　　● 开启:选择此选项,则在新建文件夹、格式化存储卡或在相机中插入一张新的存储卡后,文件将从上次使用的编号或当前文件夹中的最大文件编号(取两者中较大编号)后连续编号。如果当前文件夹中已经包含编号为9999的照片,相机将为新拍摄的照片自动创建一个新文件夹,并且文件编号将重新从0001开始。

　　● 关闭:选择此选项,则当新建一个文件夹、格式化存储卡或在相机中插入一张新的存储卡时,文件编号将重设为0001。要注意的是,若当前文件夹中已包含9999张照片,相机将为新拍摄的照片自动创建一个新文件夹。

　　● 重设:用于将文件编号重设为0001。选择此选项后,如果再选择"开启"选项,则在拍摄下一张照片时相机会自动新建一个文件夹。

❶ 在**设定菜单**中选择**文件编号次序**选项

❷ 按下▲或▼方向键可选择**开启、关闭、重设**文件编号次序

按钮

　　该菜单用于选择按钮所执行的功能,包含"指定Fn按钮"、"指定AE-L/AF-L按钮"和"快门释放按钮AE-L"3个选项。

❶ 在**设定**菜单中选择**按钮**选项

❷ 按下▲或▼方向键可选择**指定Fn按钮、指定AE-L/AF-L按钮、快门释放按钮AE-L**选项

❸ 按下▲或▼方向键可选择不同的选项,在此显示的菜单选项用于为Fn按钮指定功能

❹ 若在步骤❷中选择了**指定AE-L/AF-L按钮**选项

❺ 按下▲或▼方向键可选择不同的选项,为AE-L/AF-L按钮指定功能

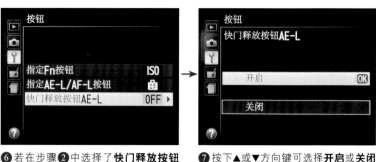

⑥ 若在步骤❷中选择了**快门释放按钮 AE-L** 选项

⑦ 按下▲或▼方向键可选择**开启**或**关闭**选项

● 指定 Fn 按钮：该选项用于选择 Fn 按钮所执行的功能。

选 项	说 明
QUAL 图像品质 / 尺寸	按下 Fn 按钮并旋转指令拨盘可选择图像品质和尺寸
ISO ISO 感光度	按下 Fn 按钮并旋转指令拨盘可选择 ISO 感光度
WB 白平衡	按下 Fn 按钮并旋转指令拨盘可选择白平衡（仅限于 P 挡程序自动模式、S 挡快门优先模式、A 挡光圈优先模式和 M 挡全手动模式）
动态 D-Lighting	按下 Fn 按钮并旋转指令拨盘可选择动态 D-Lighting 选项（仅限于 P 挡程序自动模式、S 挡快门优先模式、A 挡光圈优先模式和 M 挡全手动模式）

● 指定 AE-L/AF-L 按钮：该选项用于选择 AE-L/AF-L 按钮所执行的功能。

选 项	说 明
AE/AF 锁定	按住 AE-L/AF-L 按钮时，锁定对焦和曝光
仅 AE 锁定	按住 AE-L/AF-L 按钮时，锁定曝光
仅 AF 锁定	按住 AE-L/AF-L 按钮时，锁定对焦
AE 锁定（保持）	按下 AE-L/AF-L 按钮时，锁定曝光并保持锁定直至再次按下该按钮或待机定时器时间耗尽
AF-ON AF-ON	AE-L/AF-L 按钮用于启动自动对焦。除在即时取景或动画录制过程中选择了 AF-F 时以外，快门释放按钮无法用于对焦

● 快门释放按钮 AE-L：在默认设定"关闭"下，仅当按下 AE-L/AF-L 按钮时锁定曝光。若选择"开启"，在半按快门释放按钮时也将锁定曝光。

空插槽时快门释放锁定

用于设置当存储卡插槽中没有存储卡插入时快门是否可以被按下。

● 快门释放锁定：选择此选项，则不允许无存储卡时按下快门。

● 快门释放启用：选择此选项，未安装储存卡时仍然可以按下快门，但照片无法被存储。

❶ 在**设定**菜单中选择**空槽时快门释放锁定**选项

❷ 按下▲或▼方向键可选择**快门释放锁定**或**快门释放启用**选项

存储文件夹

该菜单用于设置对当前使用的存储文件夹的具体操作方式。

- 选定文件夹：选择此选项，可为以后拍摄的照片指定存储文件夹。
- 新建：选择此选项，可以创建新的文件夹。
- 重新命名：选择此选项，可以从列表中选择一个文件夹并进行重新命名。

❶ 在**设定**菜单中选择**存储文件夹**选项

- 删除：选择此选项，可删除存储卡上所有空文件夹。

❷ 按下▲或▼方向键可选择**选定文件夹**、**新建、重新命名、删除**选项

GPS

使用 GP-1（需另购的尼康 GPS 接收器）附送的连接线可将其连接至相机的配件端子上，从而在拍摄照片时记录相机当前的位置信息。连接 GP-1 之前需关闭相机，有关详细介绍可请参阅 GP-1 的说明书。

- 待机定时器：此选项用于确定在连接了 GP-1 时是否自动关闭测光系统。如果在其子菜单中选择"启用"选项，则在指定的时间内，如果未对相机执行任何操作，曝光测光将被自动关闭。如果选择"禁用"选项，则即使连接了 GP-1，曝光测光也不会被关闭。

- 位置：此选项仅在连接了 GP-1 时有效，它将显示由 GP-1 测定的当前纬度、经度、海拔和世界协调时间（UTC）。

- 使用 GPS 设定照相机时钟：在其子菜单中选择"是"选项，可以使相机的时针与 GPS 的时间同步。

❶ 在**设定**菜单中选择 GPS 选项

❷ 按下▲或▼方向键可选择**待机定时器、位置、使用** GPS **设定照相机时钟**选项

❸ 选择**待机定时器**选项后，按下▲或▼方向键可选择**启用**或**禁用**选项

❹ 若在步骤❷中选择了**使用** GPS **设定照相机时钟**选项

❺ 按下▲或▼方向键可选择是否使用 GPS 设定照相机时钟

☑️ 润饰菜单：创建润饰后的副本

润饰菜单用于为现有照片创建裁切或润饰后的副本，仅当相机中插有包含照片的存储卡时才会显示润饰菜单。该菜单中包含"D-Lighting"、"红眼修正"、"裁切"、"单色"、"滤镜效果"、"色彩平衡"、"图像合成"等19个选项。下面讲解其中比较重要润饰命令。

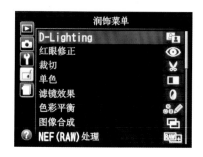

D-Lighting

该功能用于增亮照片中的阴影部分，以使黑暗或背光照片获得理想的画面效果。按下▲或▼方向键选择修正量后，可在编辑显示区内预览效果。按下 OK 按钮即可完成润饰操作，并创建该照片副本。

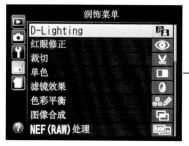

❶ 在**润饰**菜单中选择 D-Lighting 选项，按下多重选择器中间的 OK 按钮，进入操作界面

❷ 选择一张照片，按下 OK 按钮

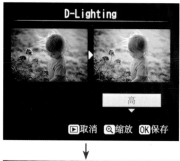

▲ 选择"高"选项的效果

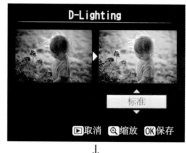

▲ 选择"标准"选项的效果

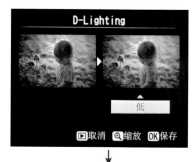

▲ 选择"低"选项的效果

❸ 按下▲或▼方向键，预览"高"、"标准"、"低"3 个选项的不同效果，按 ▶方向键可取消此次操作，按下 OK 按钮确认并保存处理结果

红眼修正

　　该功能用于修正由闪光引起的"红眼"，且仅适用于使用闪光灯拍摄的照片。

目 的	操作按钮	说 明
放 大	⊕	按下⊕按钮可放大照片
缩 小	⊕❖（？）	按下⊕❖（？）按钮则缩小照片
查看图像的其他区域	⊕	当照片被放大时，使用多重选择器可查看显示屏中不可视的图像区域。按住多重选择器将快速滚动到画面的其他区域。按下变焦按钮或多重选择器时将显示导航窗口；显示屏中当前可视的部分会用一个黄色边框标识
取消缩放	⊛	按下⊛可取消缩放
创建副本	⊛	若在所选照片中侦测到红眼，相机将创建一个已经减少过红眼影响的副本；若相机无法侦测到红眼，则不会创建副本

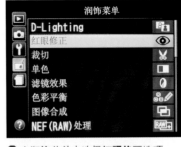

❶ 在**润饰**菜单中选择**红眼修正**选项

❷ 选择要处理的照片，按下 OK 按钮

▲ 有红眼的原始照片

▲ 处理红眼后的效果

裁切

　　该功能用于创建所选照片裁切后的副本。

❶ 在**润饰**菜单中选择**裁切**选项

❷ 选择要处理的照片，按下 OK 按钮

❸ 参照下面表格中各按钮的功能，按下相应按钮并转动指令拨盘，决定裁剪比例后，按下 OK 按钮即可

目　的	操作按钮	说　明
减小裁切的尺寸	⊖▣（？）	按下⊖▣（？）按钮可减小裁切的尺寸
增加裁切的尺寸	⊕	按下⊕按钮可增加裁切的尺寸
更改裁切的宽高比		旋转指令拨盘可在宽高比3：2、4：3、5：4、1：1和16：9之间进行切换
移动裁切		使用多重选择器可将裁切区域移动至图像的其他位置
创建副本		将裁切后的照片保存为单独的文件

单色

　　利用该功能可以模拟在镜头前加装滤镜的拍摄效果，并复制出当前选择照片的黑白、棕褐色或冷色调副本照片。

　　选择棕褐色或冷色调可显示所选图像的预览；按下▲方向键将增加颜色饱和度，按下▼方向键则降低饱和度。按下 OK 按钮可创建照片的单色副本。

❶ 在**润饰**菜单中选择**单色**选项

❷ 选择**黑白**、**棕褐色**或**冷色调**选项可得到不同的单色效果

❸ 选择**黑白**选项后，选择一张要处理的照片，按下 OK 按钮

❹ 选择**黑白**选项的效果，按下 OK 按钮保存

❺ 如果在步骤❷中选择了**棕褐色**选项，按下▲或▼方向键，可以得到更暗淡及更明亮两种不同于标准状态的棕褐色效果

▲ 单色－棕褐色－更明亮

▲ 单色－棕褐色－更暗淡

❻ 如果在步骤❷中选择了**冷色调**选项，按下▲或▼方向键，可以得到更暗淡及更明亮两种不同于标准状态的冷色调效果

▲ 单色－冷色调－更明亮

▲ 单色－冷色调－更暗淡

滤镜效果

该功能用于为照片增加滤镜效果，有以下滤镜效果可供选择。

选 项	说 明
天光镜	创建天光镜滤镜效果，使照片蓝色减淡。其效果可在显示屏中预览
暖色滤镜	创建带有暖色调滤镜效果的副本，为其带来一种"暖"红色氛围。其效果可在显示屏中预览
红色增强镜	增强红色（红色增强镜）、绿色（绿色增强镜）或蓝色（蓝色增强镜）。按下▲方向键可增强效果，按下▼方向键则可减弱效果
绿色增强镜	
蓝色增强镜	
十字滤镜	为光源增添星芒放射效果
	光线的数量 可选择4、6或8束光线
	过滤量 设置受影响光源的亮度
	滤镜角度 设置光线的倾斜角度
	光线的长度 设置呈放射状延伸光线的长度
	确认 预览滤镜效果。按下🔍 按钮可全屏预览副本
	保存 创建润饰后的副本
柔和	添加柔和的滤镜效果。按下▲或▼方向键可选择滤镜强度

❶ 在**润饰**菜单中选择**滤镜效果**选项

❷ 按▲或▼方向键可选择不同的滤镜效果，按下 OK 按钮确认

❸ 选择要处理的照片

▲ 原始照片

▲ 滤镜－天光

▲ 滤镜－暖色

▲ 滤镜－红色

▲ 滤镜－绿色

▲ 滤镜－蓝色

▲ 滤镜－柔和低

▲ 滤镜－柔和标准

▲ 滤镜－柔和高

下面以十字滤镜为例介绍其详细设置方法。

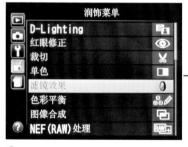

❶ 选择**滤镜效果**选项，按下 OK 按钮

❷ 选择**十字滤镜**选项，按下 OK 按钮

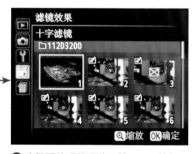

❸ 选择要处理的照片，按下 OK 按钮

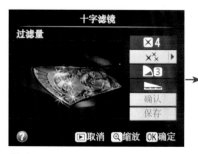

❹ 进入处理界面后，在右上角设置光线的数量、过滤量、滤镜角度、光线的长度等参数

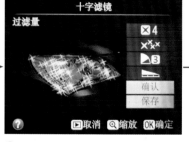

❺ 参数设置完成后，选择**确认**选项，按下 OK 按钮预览效果

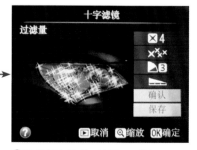

❻ 选择**保存**选项，按下 OK 按钮

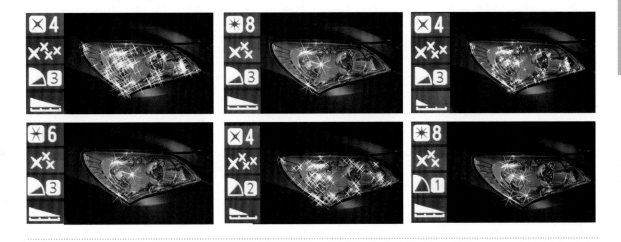

色彩平衡

使用该功能可创建照片的一个副本，并针对此副本调整色彩，以消除照片的偏色，或为了实现某种艺术效果而添加某种色调。

❶ 在**润饰**菜单中选择**色彩平衡**选项

❷ 选择要处理的照片，按下 OK 按钮

❸ 进入操作界面，按下多重选择器上的◀、▶、▲、▼方向键，在直方图中移动黑点，以改变照片的色彩

❹ 向上移动黑点，可使照片偏绿色

❺ 向右下角移动黑点，可使照片偏红色

调整尺寸

该功能用于创建所选照片不同尺寸的副本，可以仅针对某一张照片进行尺寸调整，也可以选中多张照片同时进行调整。如果要对一张照片进行尺寸调整，可以按下面的步骤进行操作。

❶ 在**润饰**菜单中选择**调整尺寸**选项，按下 OK 按钮

❷ 选择**选择图像**选项，按下 OK 按钮

❸ 按下 ◼️按钮选择照片，选择完后按下 OK 按钮

❹ 选择**选择尺寸**选项，按下 OK 按钮

❺ 在**选择尺寸**列表中，选择要生成副本的尺寸，按下 OK 按钮

▼ 旅游时拍摄的风景图片很大，改变尺寸后更方便发给朋友分享

焦　　距：175mm
光　　圈：F8
快门速度：1/3s
感光度：ISO100

图像合成

　　使用该功能可将两张 RAW 格式的照片合成为一张照片。需要注意的是，此菜单项只能通过按下 MENU 按钮，然后从"润饰"菜单访问，在播放模式中按下 OK 按钮无法访问该菜单项。新的照片将以当前设定的图像品质和尺寸进行保存，因此创建合成图像之前，先要设定图像品质和尺寸。若要创建一个 RAW 副本，先要选择 RAW 图像品质。

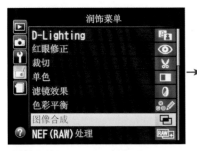

❶ 按下 MENU 按钮，在**润饰**菜单中选择**图像合成**选项，按下 OK 按钮

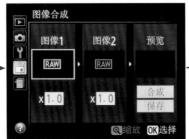

❷ 进入操作界面，选择**图像** 1 选项，按下 OK 按钮

❸ 选择第一张照片。按下 OK 按钮可选择加亮显示的照片并返回预览显示

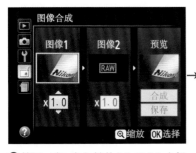

❹ 按下▲或▼方向键从 0.1 至 2.0 之间选择增益补偿值，来调整合成图像的曝光量

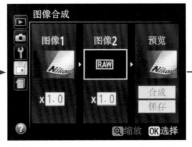

❺ 按下▶方向键，切换至第 2 个图像的合成位置

❻ 选择第二张照片。按下 OK 按钮返回预览显示

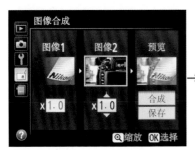

❼ 按下▲或▼方向键来调整增益补偿值，调整后的效果可在右侧的预览栏中查看

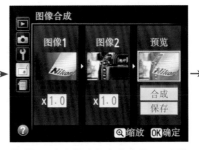

❽ 按下▼方向键选择**合成**选项，可预览照片合成效果，否则选择**保存**选项直接生成合成照片

❾ 处于预览状态的合成照片。若要返回上一步骤并选择新照片或调整增益补偿，可按下❾▓▓按钮

❿ 合成后的照片效果

NEF（RAW）处理

使用该功能可以对以 RAW 格式保存的照片进行基本编辑，如重新设置"图像品质"、"图像尺寸"、"白平衡"、"曝光补偿"、"优化校准"、"高 ISO 降噪"、"色空间"、"D-Lighting"等参数，而无需将照片导入计算机中。

虽然此菜单的功能有限，但在需要直接从相机或存储卡打印照片时，如果要对照片进行少量调整，可以考虑使用该功能。

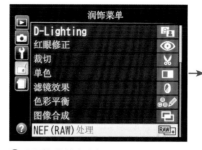

❶ 在**润饰菜单**中选择 NEF（RAW）**处理**选项，按下 OK 按钮

❷ 选择要处理的照片，按下 OK 按钮

❸ 在操作界面中，按下◀、▶、▲、▼方向键，可以对各参数进行设置

❹ 选择**执行**选项，按下 OK 按钮

▲ RAW 格式原图

▼ 调整白平衡后的 JPEG 图片

快速润饰

　　此功能用于自动调整照片的对比度和饱和度，使其看上去更明亮、细节更丰富、色彩更饱和，当需要直接从相机或存储卡打印照片时可使用此功能。

❶ 在**润饰**菜单中选择**快速润饰**选项，按下 OK 按钮

❷ 选择要处理的照片，按下 OK 按钮

❸ 按下▲或▼方向键，可选择不同的润饰强度

▲ 选择**高**选项的效果

▲ 选择**低**选项的效果

矫正

　　该功能用于创建所选图像的矫正副本。按下▶方向键将以大约 0.25°为增量，按顺时针方向旋转图像，最多旋转 5°；按下◀方向键则按逆时针方向旋转（图像边缘将被裁切以创建方形副本）。按下 OK 按钮即可复制照片，按下播放按钮▶则不创建副本直接退回播放状态。

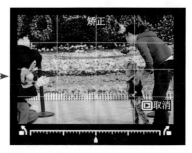

❶ 在**润饰**菜单中选择**矫正**选项，按下 OK 按钮

❷ 选择要处理的照片，按下 OK 按钮

❸ 进入操作界面，按下多重选择器上的◀或▶方向键即可旋转照片

❹ 按下▶方向键，顺时针旋转照片，直至地面的小栅栏呈水平状态

❺ 按下 OK 按钮，得到矫正后的照片

失真控制

使用广角镜头或者变焦镜头的广角端拍摄的照片，容易出现桶形失真，使照片边缘看起来向外凸（像一个桶）。使用此功能可以对这种照片进行一定的修正。

● 自动：选择此选项，相机将自动纠正失真，然后可以在此基础上使用多重选择器进行微调。

● 手动：选择此选项，可手动调整以减少失真。按下▶方向

❶ 在**润饰**菜单中选择**失真控制**选项，按下 OK 按钮

❷ 按下▲或▼方向键可选择**自动**或**手动**选项

键将减少桶形失真，按下◀方向键则可减少枕形失真（失真控制量应用得越多，图像边缘就被裁切得越多）。

鱼眼

此功能用于对所选照片执行鱼眼滤镜操作并生成其副本。

  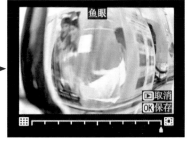

❶ 在**润饰**菜单中选择**鱼眼**选项，按下 OK 按钮

❷ 选择要处理的照片，按下 OK 按钮

❸ 按下▶方向键将增强效果（同时图像边缘被裁切的部分也将增加），按下◀方向键则减弱效果。按下 OK 按钮即可复制照片，按下▶则不创建副本直接退回播放状态

色彩轮廓

使用该功能可以生成以当前选择照片为处理素材的轮廓化线条效果的照片副本。

 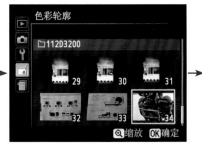 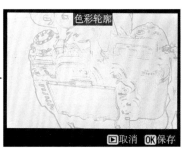

❶ 在**润饰**菜单中选择**色彩轮廓**选项，按下 OK 按钮

❷ 选择要处理的照片，按下 OK 按钮

❸ 使用此功能处理后的画面效果

彩色素描

　　利用此功能可创建具有类似于彩色铅笔素描效果的照片副本。向左移动"鲜艳度"滑块，可以使生成的照片的色彩变得更加饱和；向右移动"鲜艳度"滑块，则会产生泛白、单色的照片效果。向左移动"轮廓"滑块，会使照片的线条增粗；向右移动"轮廓"滑块，会使照片的线条变细。移动滑块后，可在编辑显示区内预览效果，得到满意的效果后，按下 OK 按钮即可生成具有彩色素描效果的复制照片，按下▶按钮则不创建副本直接退回播放状态。

 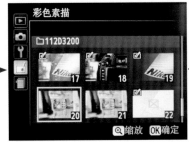 

❶ 在**润饰**菜单中选择**彩色素描**选项，按下 OK 按钮　　❷ 选择要处理的照片，按下 OK 按钮　　❸ 按下▲、▼方向键选择**色彩度**或**轮廓**选项，然后按下◀、▶方向键进行更改

透视控制

　　该功能用于模拟用仰视角度拍摄一个较高物体时产生的透视效果。使用多重选择器可调整透视效果。按下 OK 按钮即可复制照片，按下▶按钮则不创建副本直接退回播放状态。

❶ 在**润饰**菜单中选择**透视控制**选项，按下 OK 按钮

❷ 进入操作界面，按下多重选择器上的▶及▲方向键，在水平及垂直两个方向上纠正照片的透视效果

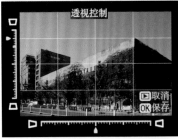

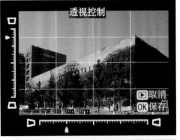

▲ 垂直数值为 3.5、水平数值为 2 时的照片纠正效果

▲ 垂直数值为 1.5、水平数值为 3.5 时的照片纠正效果

▲ 垂直数值为 3.5、水平数值为 1 时的照片纠正效果

模型效果

该功能用于将当前选择的照片模拟成为微缩景观模型的拍摄效果。

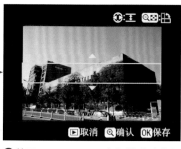

❶ 在**润饰**菜单中选择**模型效果**选项，按下 OK 按钮

❷ 选择要处理的照片，按下 OK 按钮

❸ 按下▲、▼、◀、▶方向键移动黄色方框，则画面中除框内区域外的其他区域均将被模糊

▲ 方框在画面上方的照片效果

▲ 方框在画面中下方的照片效果

▲ 方框在画面下方的照片效果

目 的	操作按钮	说 明
选择清晰对焦的区域		若照片以横向方向显示，按下▲或▼方向键可定位方框，展示清晰对焦的副本区域
		若照片以竖直方向显示，按下◀或▶方向键可定位方框，展示清晰对焦的副本区域
选择尺寸		若效果应用区域为横向方向，按下◀或▶方向键可选择高度
		若效果应用区域为竖直方向，按下▲或▼方向键可选择宽度
预览副本		预览副本
取消	▶	不创建副本直接退回全屏播放状态
创建副本		创建副本

可选颜色

　　"可选颜色"是在 Nikon D3200 中新增的一个润饰功能，使用它可以得到一个只有选中的色彩（最多可以保留 3 种选中的色彩），而过滤掉其他色彩的照片效果。

❶ 在**润饰**菜单中选择**可选颜色**选项，按下 OK 按钮

❷ 使用多重选择器移动颜色吸取光标，在此将其移至右下方的黄色位置

❸ 按下▲或▼方向键即可保留颜色吸取光标所在位置的颜色，而其他颜色则被过滤掉

▲ 使用"可选颜色"功能制作得到的仅保留红色的照片效果

编辑动画

该功能用于裁切动画片段以创建动画编辑后的副本，也可以将所选画面保存为 JPEG 静态照片。

❶ 在**润饰**菜单中选择**编辑动画**选项，按下 OK 按钮

❷ 按下▲或▼方向键可选择**选择开始/结束点**或**保存选定的帧**选项

❸ 选择**选择开始/结束点**选项后，选择要处理的视频，按下 OK 按钮

❹ 按下◀或▶方向键对当前动画执行快进或快退操作，使动画出现需要编辑的画面

❺ 按下 AE-L/AF-L 按钮，激活用于编辑动画的开始点、结束点，按下◀或▶方向键移动开始点、结束点

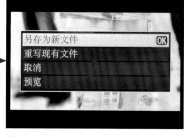

❻ 按下 OK 按钮，显示对动画进行处理的选项，按下▲或▼方向键选择其中一个选项，按下 OK 按钮即可

❼ 如果在步骤❻中选择了**另存为新文件**选项，并按下 OK 按钮，则显示保存动画进度条，可得到新的动画文件

焦　距：17mm
光　圈：F18
快门速度：1/4s
感 光 度：ISO100

Chapter **03**

Nikon D3200

实拍设置技巧

在显示屏中设置常用参数

Nikon D3200作为一款入门级数码单反相机，主要的参数设置功能全部集中在显示屏上。

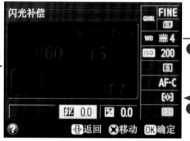

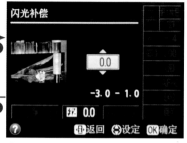

❶ 按下info按钮，在显示屏中显示当前拍摄参数

❷ 再次按下info按钮，可在显示屏修改拍摄参数，按下◀或▶方向键可选择要设置的选项，此处选择的是**闪光补偿**选项

❸ 按下OK按钮可进入其参数设置界面，选择一个数值后，按下OK按钮确认即可

自动拍摄模式

Nikon D3200的自动拍摄模式包括两种，即自动模式 和自动（禁止使用闪光灯）模式 ，二者之间的区别就在于闪光灯是否被关闭。

▶ 两种自动拍摄模式

自动模式 AUTO

自动模式也被称为"傻瓜拍摄模式"，从提高摄影水平的角度来看，可以说是一种用处不大的模式，仅限于记录一些简单画面而已。

　　适合拍摄：所有拍摄场景

　　优　点：曝光和其他相关参数由相机按预定程序自主控制，可以快速进入拍摄状态，操作简单，在多数拍摄条件下都能拍出一定水准的照片，可满足家庭用户日常拍摄需求，尤其适合抓拍突发事件等。闪光灯将在光线不足的情况下自动开启

　　特别注意：用户可调整的空间很小，对提高摄影水平帮助不大

自动（禁止使用闪光灯）模式 ⚡

在弱光环境下，使用自动模式拍摄时，相机会自动弹出闪光灯进行补光，如果受环境制约（如博物馆、海底世界）不能使用闪光灯时，则可以切换至此模式，但由于光线不足，拍摄时很容易因为相机的震动而导致成像模糊，所以最好能使用三脚架辅助拍摄。

适合拍摄：所有现场光中的对象

优　　点：除关闭闪光灯外，其他方面与全自动模式📷完全相同

特别注意：如果需要使用闪光灯，一定要切换至其他支持此功能的模式

场景模式

Nikon D3200 提供了 6 种场景模式，包括人像模式、风景模式、儿童照模式、运动模式、近摄模式及夜间人像模式，下面来分别介绍其主要功能。

▲ 转动模式拨盘可以选择 6 种场景模式

人像模式 🏃

使用此模式拍摄时，相机会在当前最大光圈的基础上进行一定的收缩，以保证较高的成像质量，并使人物的脸部更加柔美、背景呈漂亮的虚化效果。在光线较弱的情况下，相机会自动开启闪光灯进行补光。按住快门不放即可进行连拍，以保证能够成功记录运动人像的精彩瞬间。在开启闪光灯的情况下，无法进行连拍。

适合拍摄：人像及希望背景为虚化效果的对象

优　　点：能拍摄出层次丰富、肤色柔滑的人像照片，虚化的背景可使主体显得更加突出

特别注意：当拍摄风景中的人物时，色彩可能较柔和

风景模式

使用风景模式可以在白天拍出色彩艳丽的风景照片，为了保证获得足够的景深，在拍摄时会自动缩小光圈。在此模式下，闪光灯将被强制关闭，在较暗的环境中拍摄风景，可以选择夜景模式。

适合拍摄：景深较大的风景、建筑等

优　　点：色彩鲜明、锐度较高

特别注意：即使在光线不足的情况下，闪光灯也一直保持关闭状态

儿童照模式

可以将该模式理解为人像模式的特别版，即根据儿童着装色彩较为鲜艳的特点进行了色彩校正，并使皮肤呈现为自然色彩。

适合拍摄：儿童或色彩较鲜艳的对象

优　　点：即使在雪天这种不太利于表现色彩的环境拍摄，使用儿童照模式也能使照片呈现出不错的色彩。同时，由于采用了比最大光圈略低一挡的光圈设定，因此也能够得到很好的背景虚化效果

特别注意：在拍摄低色调的主题照片时，色彩可能会显得过于浓重

运动模式

使用此模式拍摄时，相机将使用高速快门以确保拍摄的动态对象能够清晰成像，该模式特别适合凝固运动对象的瞬间动作。为了保证精准对焦，相机在对焦时会默认采用 AF-A 自动伺服自动对焦模式，对焦点会自动跟踪运动的主体。

适合拍摄：运动对象

优　　点：方便进行运动摄影，凝固瞬间动作

特别注意：当光线不足时会自动提高感光度数值，画面可能会出现较明显的噪点；如果要使用慢速快门，则应该使用其他模式进行拍摄

近摄模式 🌷

近摄模式适合拍摄花卉、静物、昆虫等微小物体。在该模式下，拍出的主体会显得更大，清晰度也会更高，明显比采用全自动模式拍摄的效果好。

如果使用变焦镜头拍摄，应将其调至最长焦端，这样能使拍出的主体在画面中显得更大。另外，在选择背景时，应尽量让背景保持简洁，这样可以使主体更加突出。如果相机识别到现场的光照较弱，会自动开启闪光灯。

适合拍摄：微小主体，如花卉、昆虫等

优　　点：方便进行微距摄影，色彩和锐度较高

特别注意：如果要使用小光圈获得大景深，则需要使用其他拍摄模式

夜间人像模式 👤★

虽然名为夜间人像模式，但实际上，只要是在光线比较暗的环境中拍摄人像，都可以使用此模式。

选择此模式后，相机会自动打开内置闪光灯，以保证人物获得充分的曝光，同时，该模式还兼顾了人物以外的环境，即开启慢速闪光同步功能，在闪光灯照亮人物的同时，慢速快门使画面的背景也能获得充足的曝光。

适合拍摄：夜间人像、室内现场光人像等

优　　点：使画面的背景也能获得足够的曝光

特别注意：依据环境光线的不同，快门速度可能会很低，因此建议使用三脚架保持相机的稳定

引导模式

引导模式简介

  Nikon D3200 设计引导模式的目的是帮助初学者更简单、轻松地使用该相机。例如，利用引导模式可以轻松拍出难度较高的落日余晖，也可以轻松完成查看照片、删除照片或设置图像品质等操作。

  Nikon D3200 的引导模式分为三个大类，即"拍摄"、"查看／删除"、"设定"，每一个大类中又包括若干个选项，用于实现拍摄不同的题材、查看照片、删除照片、设置拍摄参数，各引导模式界面及具体选项名称如下。

拍摄—基本操作
⬛ 自动
⬛ 无闪光灯
⬛ 远摄
⬛ 近摄
⬛ 睡脸
⬛ 移动对象
⬛ 风景
⬛ 人像
⬛ 夜间人像

查看／删除
查看单张照片
查看多张照片
选择日期
查看幻灯播放
删除照片

▲ "查看／删除"引导模式及该模式具体选项

拍摄—高级操作	
A GUIDE	柔化背景
	远近都清晰
S GUIDE	锁定移动（人物）
	锁定移动（车辆）
	拍摄流水
P GUIDE	捕捉落日余晖
	拍摄明亮的照片
	拍摄黑暗（低色调）照片
	减少模糊

▲ "拍摄"引导模式及该模式具体选项

设定
时钟和语言（Language）
时区和日期
语言（Language）
格式化存储卡
Eye-Fi上传
空槽时快门释放锁定

设定
图像品质
图像尺寸
自动关闭延迟
打印日期
显示和声音设定
显示屏亮度
信息背景颜色
自动信息显示
蜂鸣音
动画设定
画面尺寸/帧频
动画品质
麦克风
闪烁消减
输出设定
HDMI
视频模式
播放文件夹
播放显示选项
DPOF打印指令

▲ "设定"引导模式及该模式具体选项

引导模式操作方法

引导模式的操作比较简单，将模式拨盘转至 GUIDE 即可进入引导模式，此时显示屏中将显示第一级引导界面，包含"拍摄"、"查看/删除"、"设定"3 个选项。

❶ 将相机的模式拨盘转至 GUIDE 位置，进入引导模式

❷ 按多重选择器的◀或▶方向键，选择引导模式中的项目

❸ 按多重选择器中间的 OK 按钮，进入当前选择的项目子菜单

"拍摄"引导模式

如果希望跟随相机显示屏提示的详细操作步骤拍摄流水、夜间人像、低调风光等常见题材，可以在"拍摄"引导模式下选择相应选项，具体操作步骤如下。

❶ 进入引导模式，选择**拍摄**选项

❷ 按下▲或▼方向键，选择**高级操作**选项

❸ 按下▲或▼方向键，选择**拍摄明亮的照片**选项（此处可根据拍摄需求选择），按下 OK 按钮

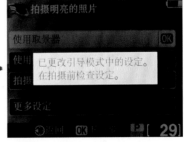

❹ 根据屏幕提示设置相应的拍摄参数，完成设置后按下 OK 按钮

❺ 按下▲或▼方向键，可增加或减少曝光补偿

❻ 按提示完成所有操作步骤后，即可开始拍摄

"查看 / 删除"引导模式

在"查看 / 删除"引导模式中选择不同的项目，即可快速完成相应的照片查看及删除操作。

❶ 进入引导模式，选择**查看 / 删除**选项

❷ 按下▲或▼方向键选择 1 个选项，按下 OK 按钮即可进入具体操作界面

"设定"引导模式

在"设定"引导模式中可以对图像品质、图像尺寸、显示屏亮度、信息背景颜色、自动信息显示、自动关闭延迟、蜂鸣音、打印日期、动画设定等参数进行设定，但此设定仅应用于引导模式，不会反映到其他拍摄模式中。

❶ 进入引导模式，选择**设定**选项

❷ 按下▲或▼方向键，选择**图像品质**选项（此处可根据拍摄需求选择）

❸ 按下▲或▼方向键，可选择图像的格式

即使是初学者，在引导模式下也能够轻松拍出漂亮的落日余晖照片

焦　　距：105mm
光　　圈：F8
快门速度：1/250s
感光度：ISO200

高级曝光模式

程序自动模式 **P**

程序自动模式在模式转盘上显示为 **P**。使用这种曝光模式拍摄时，光圈和快门速度由相机自动控制，相机会自动给出不同的曝光组合，此时拨动指令拨盘可以在相机给出的曝光组合中进行自由选择。除此之外，白平衡、ISO 感光度、曝光补偿等参数可以由拍摄者手动控制。

通过对这些参数进行不同的设置，拍摄者可以得到不同效果的照片，而且不用自己去考虑光圈和快门速度的数值就能够获得较为准确的曝光。程序自动曝光模式常用于拍摄新闻、纪实类需要抓拍的题材。

在实际拍摄时，向右旋转指令拨盘可获得模糊背景细节的大光圈（低 F 值）或"锁定"动作的高速快门曝光组合；向左旋转指令拨盘可获得增加景深的小光圈（高 F 值）或模糊动作的低速快门曝光组合。此时在相机背部显示屏的左上角会显示 P 图标。

▼ 使用程序自动模式拍摄的照片效果

焦　　距：200mm
光　　圈：F2.8
快门速度：1/400s
感 光 度：ISO100

快门优先模式 S

快门优先模式在模式转盘上显示为 S。在此模式下，用户可以转动指令拨盘从 x 250（内置闪光灯闪光同步速度）及 30 秒至 1/4000 秒之间选择所需快门速度，然后相机会自动计算光圈的大小，以获得正确的曝光。

在拍摄时，快门速度需要根据拍摄对象的运动速度及照片的表现形式（即凝固瞬间的清晰还是带有动感的模糊）来决定。

较高的快门速度可以凝固瞬间动作或者移动的主体；较慢的快门速度可以形成模糊效果，从而产生动感。

▲ 使用较低的快门速度，使空中飘落的雪花在画面中被拉长为白色短线，增强了画面的动感

焦　　距：55mm
光　　圈：F6.3
快门速度：1/160s
感 光 度：ISO200

光圈优先模式 **A**

　　光圈优先模式在模式转盘上显示为 A。在此模式下，用户可以旋转指令拨盘从镜头的最小光圈值到最大光圈值之间选择所需光圈。具体拍摄时，相机会根据当前设置的光圈自动计算出使当前场景正确曝光所需要的快门速度。

　　使用光圈优先模式可以控制画面的景深，在同样的拍摄距离下，光圈越大，景深越小，即拍摄对象（对焦的位置）前景、背景的虚化效果就越好；反之，光圈越小，则景深越大，即拍摄对象前景、背景的清晰度就越高。

　　当光圈过大而导致快门速度超出了相机极限时，如果仍然希望保持该光圈，可以尝试降低 ISO 感光度的数值，或使用中灰滤镜降低光线的进入量，从而保证曝光准确。

◀ 使用光圈优先模式并配合大光圈的运用，可以得到非常漂亮的背景虚化效果

焦　　距：200mm
光　　圈：F2.8
快门速度：1/400s
感 光 度：ISO100

▼ 在光圈优先模式下，为了保证画面有足够大的景深，使用小光圈拍摄风光照片可使远景、近景皆很清晰

焦　　距：24mm
光　　圈：F11
快门速度：1/125s
感 光 度：ISO100

手动模式 M

手动模式在模式转盘上显示为 **M**。在此模式下，相机的所有智能分析、计算功能都将不再工作，摄影师需要手动设置光圈、快门速度、感光度这 3 个曝光要素。因此，要想使用此模式拍摄，摄影师必须拥有丰富的拍摄经验，以应对各种拍摄环境的变化，以免曝光过度或曝光不足。例如，在影棚内拍摄人像时，可以将感光度数值设为 ISO200、快门速度设为 1/125s（这是因为通常情况下，影室闪光灯最高支持的快门速度大概为 1/200s）、光圈设为 F8~F11。

焦　　距：50mm
光　　圈：F2.8
快门速度：1/160s
感 光 度：ISO100

▲ 写真人像摄影经常使用手动模式，以便根据拍摄光线的不同，调整光圈、快门速度及 ISO 感光度等参数

在手动模式下，为了避免出现曝光不足或曝光过度的问题，Nikon D3200 相机提供了提醒功能，即在曝光不足或曝光过度时，将在取景器或显示屏中显示曝光提示。

在改变光圈或快门速度时，曝光量指示游标会左右移动，左右移动的位置越远，表示曝光越不准确。当曝光量标志位于标准曝光量标志的位置时，能获得相对准确的曝光，因此当摄影师设置曝光三要素时，需要时刻关注曝光量指示游标，此游标也会出现在取景器中。

▲ 显示屏中的曝光指示游标

B 门模式

　　使用 B 门模式拍摄时，持续地完全按下快门按钮时快门都将保持打开，直到松开快门按钮时快门被关闭，完成整个曝光过程，因此曝光时间取决于快门按钮被按下与被释放过程的时间。

　　B 门模式特别适合拍摄光绘、天体、焰火、闪电等需要长时间并手动控制曝光时间的题材。为了避免画面模糊，使用 B 门模式拍摄时，应该使用三脚架及遥控快门线。

▲ 先将曝光模式设置为 M 模式，然后向左转动指令拨盘直至显示屏显示快门速度为 Bulb，此时即可激活 B 门模式

▲ 采用 B 门模式拍摄的惊心动魄的闪电

> 焦　　距：10mm
> 光　　圈：F7.1
> 快门速度：13s
> 感 光 度：ISO100

◀ 采用 B 门模式拍摄的光绘创意作品

> 焦　　距：37mm
> 光　　圈：F6.3
> 快门速度：1/40s
> 感 光 度：ISO200

设置光圈

　　光圈是相机镜头内部的一个组件，它由许多片金属薄片组成，金属薄片可以活动，通过改变它的开启程度可以控制进入镜头光线的多少。光圈开启越大，通光量越多；光圈开启越小，通光量越少。用户可以仔细对着镜头观察选择不同光圈时叶片的大小变化。

　　光圈值用字母F或f表示，如F8、f8（或F/8、f/8）。常见的光圈值有F1.4、F2、F2.8、F4、F5.6、F8、F11、F16、F22、F32、F36等，相邻两档光圈间的通光量相差一倍，光圈值的变化是1.4倍，每递进一挡光圈，光圈口径就不断缩小，通光量也逐挡减半。例如，F2光圈的进光量是F2.8的一倍，但在数值上，后者是前者的1.4倍，这也是各挡光圈值变化的规律。

　　拍摄时能够设置的最大或最小光圈是由镜头本身决定的，在本书第4章可以查询到数款笔者推荐镜头的最大与最小光圈。

▲ 从镜头的底部可以看到镜头内部的光圈金属薄片

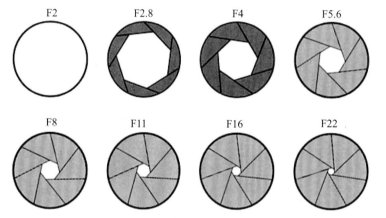

▲ 不同光圈值下镜头通光口径的变化

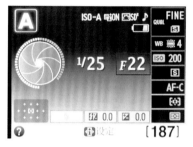

▲ 红框内为 Nikon D3200 显示屏上显示的光圈值

▼ 使用小光圈拍摄的风光照片，画面中近景及远景均十分清晰

焦　　距：12mm
光　　圈：F16
快门速度：1/60s
感 光 度：ISO100

设置快门速度

快门与快门速度的含义

简单来说，快门的作用就是控制曝光时间的长短。在按动快门按钮时，从快门前帘开始移动到后帘结束所用的时间就是快门速度，这段时间实际上也就是电子感光元件的曝光时间。所以快门速度决定曝光时间的长短，快门速度越快，曝光时间越短，曝光量越少；快门速度越慢，曝光时间越长，曝光量越多。

快门速度以秒为单位，Nikon D3200 相机的最高快门速度为 1/4000s，可以满足绝大部分场合的拍摄需要。

常见的快门速度有 15s、8s、4s、2s、1s、1/2s、1/4s、1/8s、1/15s、1/30s、1/60s、1/125s、1/250s、1/500s、1/1000s、1/2000s、1/4000s 等，相邻两挡快门速度相差约为一倍，在光圈相同的情况下，提高一挡快门速度，通光量减少一半。

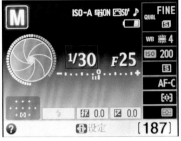

▲ 红框内为 Nikon D3200 显示屏上显示的快门速度

影响快门速度的3大要素

影响快门速度的要素包括光圈、感光度及曝光补偿，它们对快门速度的影响如下。

● 感光度：感光度每增加一倍（例如从ISO100增加到ISO200），感光元件对光线的敏锐度会随之增加一倍，同时，快门速度会随之提高一倍。

● 光圈：光圈每提高一挡（如从F4增加到F2.8），快门速度可以提高一倍。

● 曝光补偿：曝光补偿数值每增加1挡，由于需要更长时间的曝光来提亮照片，因此快门速度将降低一半；反之，曝光补偿数值每降低1挡，由于照片不需要更多的曝光，因此快门速度可以提高一倍。

▶ 在光线较充足的情况下，要将瀑布的水流虚化，一定要将感光度设置为最低的数值，同时使用较小的光圈

焦　　距：35mm
光　　圈：F22
快门速度：2s
感 光 度：ISO100

依据对象的运动情况设置快门速度

在设置快门速度时，应综合考虑拍摄对象的速度、拍摄对象运动的方向以及摄影师与拍摄对象之间距离这 3 个基本要素。

● 拍摄对象的速度：根据不同的照片表现形式，拍摄时所需要的快门速度也不相同，比如抓拍物体运动的瞬间，需要较高的快门速度，而如果是跟踪拍摄，对快门速度的要求就比较低了。实际上，要拍摄高速运动中的对象，通常需要使用"陷阱对焦"方式，即在运动物体的必经之路上进行对焦，等待运动对象进入拍摄范围内，然后使用连拍的方式捕捉高速运动对象的精彩瞬间。

焦　距：50mm
光　圈：F2.5
快门速度：1/200s
感光度：ISO100

▲ 抓拍慢速跑动中的人，使用约 1/250s 的快门速度就足够了

▶ 如果要定格子弹穿过物体的瞬间，需要非常高的快门速度

焦　距：17mm
光　圈：F8.1
快门速度：1/4000s
感光度：ISO200

▼ 对于飞驰中的赛车，除了使用"陷阱对焦"方式外，要凝固其运动的瞬间，需要 1/1000s 甚至更高的快门速度

焦　距：230mm
光　圈：F4.1
快门速度：1/1500s
感光度：ISO160

●拍摄对象的运动方向：如果从运动对象的正面拍摄（通常是角度较小的斜侧面），记录的主要是对象从小变大或相反的运动过程，其速度通常要低于从侧面拍摄；而从侧面拍摄才会感受到对象真正的速度，拍摄时需要的快门速度也就更高，但是一般情况下，从侧面拍摄时，需要用镜头跟随被摄对象。

焦　距：185mm
光　圈：F2.8
快门速度：1/800s
感 光 度：ISO100

▲ 从正面或斜侧面角度拍摄运动对象时，速度感会比较弱

焦　距：200mm
光　圈：F3.5
快门速度：1/500s
感 光 度：ISO100

▲ 从侧面拍摄运动物体以表现其速度时，除了使用"陷阱对焦"方式外，通常还需要采用跟随拍摄法才能捕捉到其精彩瞬间

● 与拍摄对象之间的距离：无论是亲身靠近运动对象或是使用长焦镜头，离运动对象越近，其运动速度就相对越高，此时需要不停地移动相机。略有不同的是，如果是靠近运动对象，需要较大幅度地移动相机；而使用长焦镜头时，则移动相机的幅度可以较小，从而保持拍摄对象一直处于画面之中。从另一个角度来说，如果将视角变得更广阔一些，就不用为了将拍摄对象纳入画面而费力地紧跟拍摄对象，比如使用广角镜头拍摄时，就更容易抓拍到对象运动的瞬间。

焦　距：23mm
光　圈：F11
快门速度：1/400s
感 光 度：ISO100

▲ 使用广角镜头以 1/400s 快门速度拍摄的照片

焦　距：200mm
光　圈：F4.5
快门速度：1/1000s
感 光 度：ISO125

▶ 为拍摄人物冲浪的精彩瞬间特写，在使用长焦镜头的情况下，需要设置更高的快门速度

常见拍摄对象所需快门速度

以下是一些常见拍摄对象所需快门速度的参考值，虽然在使用时并非一定要用快门优先模式，但能够帮助各位读者对各类拍摄对象常用的快门速度有一个基本的了解。

快门速度（秒）	适用范围
B门	适合拍摄夜景、闪电、车流等。其优点是用户可以自行控制曝光时间，缺点是如果不知道当前场景需要多长时间才能正常曝光时，容易出现曝光过度或不足的情况，此时需要用户多做尝试，直至得到满意的效果
1~30	在拍摄夕阳以及天空仅有少量微光的日出前后时，都可以使用光圈优先模式或手动模式进行拍摄，很多优秀的夕阳作品都诞生于这个曝光区间。使用1~5s的快门速度，也能够将瀑布或溪流拍出如同棉絮一般的梦幻效果
1和1/2	适合在昏暗的光线下，使用较小的光圈获得足够的景深，通常用于拍摄稳定的对象，如建筑、城市夜景等
1/4~1/15	1/4s的快门速度可以作为拍摄成人夜景人像时的最低快门速度。该快门速度区间也适合拍摄一些光线较强的夜景，如明亮的步行街和光线较好的室内
1/30	在使用标准镜头或广角镜头的情况下，该快门速度可以视为最慢的快门速度，但在使用标准镜头时，对手持相机的平稳性有较高的要求
1/60	对于标准镜头而言，该快门速度已经可以满足大多数场合的拍摄要求
1/125	这一挡快门速度非常适合在户外阳光明媚时拍摄，同时也能够拍摄运动幅度较小的物体，如走动中的人
1/250	适合拍摄中等运动速度的拍摄对象，如游泳运动员、跑步中的人或棒球运动员等
1/500	该快门速度已经可以抓拍一些运动速度较快的对象，如行驶的汽车、跑动中的运动员、奔跑中的马等
1/1000~1/4000	该快门速度区间已经可以用于拍摄一些高速运动的对象，如赛车、飞机、足球比赛、飞鸟以及瀑布飞溅出的水花等

安全快门速度

简单来说，安全快门速度是人在手持拍摄时能保证画面清晰的最低快门速度。这个快门速度与镜头的焦距有很大关系，即手持相机进行拍摄时，快门速度应不低于焦距的倒数，比如当前焦距为200mm，拍摄时的快门速度应不低于1/200s。

需要注意的是，对 Nikon D3200 这种 APS-C 画幅的相机而言，由于焦距数值需要乘以换算系数 1.5，因此在计算安全快门速度时，不要忘记乘以换算系数。对 50mm 标准镜头而言，如果安装在 Nikon D3200 上，其换算后的焦距为 75mm，因此，其安全快门速度应为 1/75s，而不是 1/50s。

焦　　距：400mm
光　　圈：F5.6
快门速度：1/3000s
感光度：ISO500

▲ 使用安全快门可以保证拍出的画面主体清晰

低速快门拍摄如丝般的水流

使用较低的快门速度可以拍出如丝般的溪流效果，例如使用 1/4s~1s 的快门速度，就能得到不错的拍摄效果。

如果在实际拍摄时，由于天气晴朗、光线充足等原因，导致即使使用了最小的光圈，也仍然无法达到这样低的快门速度，此时可以使用中灰镜来降低进入镜头的光线量。另外，偏振镜也具有一定的减光效果，大约可以降低一半的快门速度。

焦　　距：50mm
光　　圈：F16
快门速度：1/2s
感 光 度：ISO100

▲ 通过在镜头前加装中灰镜，以 1/2s 的快门速度拍出了非常梦幻的水流效果

低速快门拍摄流光车影

使用 B 门手动控制曝光时间，能够拍摄出车流的拖尾光轨。拍摄时可以使用较小的光圈（当光圈小于 F14 时，很可能导致画质下降）、较低的感光度，并使用脚架保持相机的稳定。

在实际拍摄时，最好能够试拍几张，看多长的曝光时间才能够保证画面不出现曝光过度或曝光不足的问题，以便手动控制曝光时间时参考，从而正确设置快门速度。

▲ 使用较低的快门速度可以拍摄到长长的车流拖尾光轨，为了保证画面清晰，需要使用三脚架

焦　　距：14mm
光　　圈：F14
快门速度：1/20s
感 光 度：ISO100

高速快门拍摄飞溅的水花与飞鸟

　　水滴落入平静的水面中，会在瞬间激起水花，在光线合适的情况下，激起的水花会显得晶莹剔透。水珠下落和溅起的速度非常快，使用 1/800s 以上的高速快门并配合闪光灯才能抓住水滴在水面上激起的形如皇冠似的水花。如果快门速度偏慢，水珠就可能会呈现为线条状。

焦　距：60mm
光　圈：F22
快门速度：1/1000s
感 光 度：ISO200

▲ 使用 1/1000s 的快门速度可拍摄出十分漂亮的水花凝固画面

无论是在空中疾飞而过的鸟儿，还是在水面或陆地正欲展翅高飞的鸟儿，飞行的瞬间速度都很高，如果要在画面中清晰地定格其矫健的身影，需要使用较高的快门速度，通常不应该低于 1/500s

焦　距：200mm
光　圈：F7.1
快门速度：1/1600s
感 光 度：ISO200

设置 ISO 感光度

数码相机的感光度概念是从传统胶片感光度引入的，它是用各种感光度数值来表示感光元件对光线的敏锐程度，即在相同条件下，感光度越高，获得光线的数量也就越多。但要注意的是，感光度越高，产生的噪点就越多；而低感光度画面则清晰、细腻，细节表现较好。

Nikon D3200 虽然是一款入门级 APS-C 画幅相机，但在感光度的控制方面仍然较为出色。其常用感光度范围为 ISO100~ISO3200，并可以向上扩展至 H1（相当于 ISO6400）和 H2（相当于 ISO12800），在光线充足的情况下，一般使用 ISO200 的设置即可。

右图是由中关村在线网站（www.zol.com.cn）提供的关于 Nikon D3200 相机 ISO 感光度的评测。

▲ 红框内为显示屏中显示的 ISO 感光度

与 Nikon D3100 相比，Nikon D3200 在高 ISO 感光度表现效果方面进步并不大，但由于使用了最新型的 EXPEED 3 处理器，因此，如果用 RAW 格式拍摄照片，可以得到更好的画面细节。

另外，中关村在线还做了 Nikon D3200 与 Nikon D800 的 ISO 感光度测试，结果表明，虽然 Nikon D3200 采用的是与 Nikon D800 相同的 EXPEED 3 处理器，但由于 CMOS 像素密度大于 Nikon D800，因此在相同的拍摄条件下，Nikon D3200 的高 ISO 感光度画质与 Nikon D800 相比逊色很多，即使是开启降噪功能后，这种差距也没有明显改变。

89

选择对焦模式

对焦是成功拍摄的重要前提之一，准确对焦可以让主体在画面中清晰呈现，反之则容易出现画面模糊的问题，也就是所谓的"失焦"。

Nikon D3200 提供了 AF 自动对焦与 MF 手动对焦两种模式，而 AF 自动对焦又可以分为单次伺服自动对焦（AF-S）、自动伺服自动对焦（AF-A）和连续伺服自动对焦（AF-C）3 种模式，选

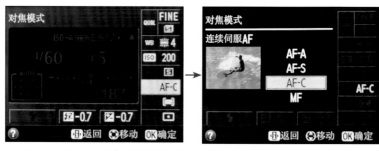

▲ 按下 info 按钮两次进入显示屏设置状态，加亮显示**对焦模式**选项，按下 OK 按钮显示 AF-A、AF-S、AF-C、MF 子选项，选择其中一个选项后按下 OK 按钮确定

择合适的对焦方式可以帮助我们顺利地完成对焦工作，下面分别讲解它们的使用方法。

单次伺服自动对焦（AF-S）

单次伺服自动对焦在合焦（半按快门时对焦成功）之后即停止自动对焦，此时可以保持半按快门状态重新调整构图，此自动对焦模式常用于拍摄静止的对象。

▼ 使用单次伺服自动对焦模式拍摄花朵，可以获得构图完美、视觉感强烈的画面

焦　　距：100mm
光　　圈：F4
快门速度：1/100s
感 光 度：ISO100

连续伺服自动对焦模式（AF-C）

选择此对焦模式后，当摄影师半按快门合焦后，保持快门的半按状态，相机会在对焦点中自动切换以保持对运动对象的准确合焦状态，如果在这个过程中被摄对象的位置发生了较大的变化，相机会自动作出调整。

这是因为在此对焦模式下，如果摄影师半按快门按钮时，被摄对象靠近或离开了相机，则相机将自动启用预测对焦跟踪系统。这种对焦模式较适合拍摄运动中的鸟、昆虫、人等对象。

▶ 利用连续伺服自动对焦模式将运动中的人清晰定格在画面中

焦　　距：200mm
光　　圈：F3.2
快门速度：1/400s
感 光 度：ISO640

自动伺服自动对焦（AF-A）

此对焦模式适用于无法确定被摄对象是静止或运动状态的情况。此时相机会自动根据被摄对象是否运动来选择单次伺服自动对焦（AF-S）还是连续伺服自动对焦模式（AF-C），此对焦模式适用于拍摄不能够准确预测动向的被摄对象，如昆虫、鸟、儿童等。

▼ 由于小鸟的运动状态不确定，所以应选择自动伺服自动对焦模式进行拍摄

焦　　距：400mm
光　　圈：F8
快门速度：1/1600s
感 光 度：ISO400

自动对焦区域模式

在采用自动对焦模式拍摄时，摄影师还可以选择自动对焦区域模式，以改变对焦点的数量及用于对焦的方式，从而满足不同的拍摄需求。

● 单点[ ]：摄影师可以使用多重选择器选择对焦点，拍摄时相机仅对焦于所选对焦点上的拍摄对象，适合拍摄静止的对象。

● 动态[ ]：在 AF-A 及 AF-C 对焦模式下，选择此区域模式后，当拍摄对象暂时偏离摄影师所选对焦点时，相机会自动使用周围的对焦点进行对焦。在 AF-S 对焦模式下，此对焦区域模式的功用等同于单点对焦区域模式。

● 3D 跟踪[3D]：在 AF-A 及 AF-C 对焦模式下，如果拍摄对象在三维空间纵向或横向发生变化，偏离了摄影师所选的对焦点，则相机的对焦点将在 11 个对焦点中自动变化，以跟踪对焦被摄对象。可以简单地将此对焦区域模式理解为动态对焦区域模式的升级版本，后者仅能够甄别被摄对象在平面上的变化，而前者则能够甄别其在三维空间中的变化，因此更适合于拍摄运动幅度较大或运动不规律的对象，如体育赛事中的运动员。

● 自动[ ]：选择此区域模式时，拍摄时相机将自动选择对焦点。如果拍摄的场景中有人，则相机能够自动识别其面部，并优先将焦点对于面部。

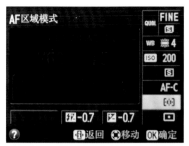

▲ 按下 info 按钮两次进入显示屏设置状态，加亮显示 AF 区域模式选项，按下 OK 按钮显示单点[ ]、动态[ ]、3D 跟踪[3D]、自动[ ]子选项，选择其中一个选项后按下 OK 按钮确定

▼ 要拍摄运动幅度较大的对象，应该先选择 AF-C 自动对焦模式，然后选择 3D 跟踪自动对焦区域模式

焦　　距：200mm
光　　圈：F2
快门速度：1/2000s
感光度：ISO200

选择对焦点

在选择单点、动态以及 3D 跟踪（11 个对焦点）这 3 种自动对焦区域模式的情况下，可以按下机身上的多重选择器，以调整对焦点的位置。

▲ 按下 info 按钮两次，进入显示屏设置状态，按多重选择器即可调整图中红框所示的对焦点的位置

使用手动对焦模式

当画面主体处于杂乱的环境中，或者画面属于高对比、低反差，再或者在夜晚拍摄时，自动对焦往往无法满足需要，这时可以使用手动对焦功能。但由于摄影师的拍摄经验不同，拍摄的成功率也有极大的差别。

▲ 要使用手动对焦，需要在镜头上将对焦滑块拨至M位置

▼ 在微距摄影中，为了保证对焦的准度，通常采用手动对焦方式，但如果拍摄的对象过于活泼，则不适合使用手动对焦方式

```
焦  距：150mm
光  圈：F5.6
快门速度：1/320s
感光度：ISO100
```

设置快门释放模式

Nikon D3200 提供了单张拍摄、连拍、自拍、安静快门释放 4 种快门释放模式，下面分别讲解它们的使用方法。

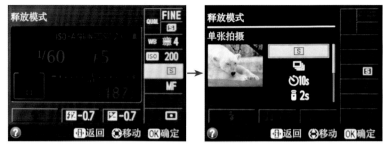

▲ 按下 info 按钮两次，进入显示屏设置状态，加亮显示**释放模式**选项，按下 OK 按钮显示单张拍摄 S、连拍 ⏗、自拍 ⏱10s 等选项，选择其中一个选项后按下 OK 按钮确定

快门释放模式	说　明
单张拍摄	每次按下快门即拍摄一张照片
连拍	若按住快门释放按钮不放，相机每秒最多可拍摄4张照片
自拍	在设定菜单中可以修改"自拍"中的参数，从而获得2、5、10和20秒的自拍时间，特别适合自拍或合影时使用。在最后2秒时，相机的指示灯不再闪烁，且蜂鸣音变快
安静快门释放	在此模式下，按下快门释放按钮时反光板不会发出咔嗒声就退回通常位置，从而用户可控制反光板发出咔嗒声的时机，使其比使用单张拍摄模式时更安静。除此之外，其他与单张拍摄模式相同

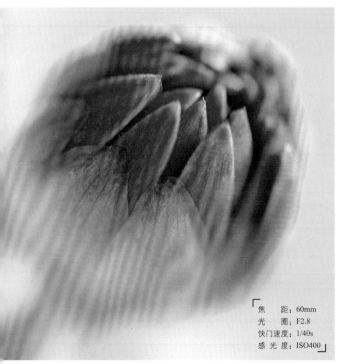

焦　　距：60mm
光　　圈：F2.8
快门速度：1/40s
感 光 度：ISO400

▲ 拍摄静态对象时，单张拍摄模式较为适用

焦　　距：200mm
光　　圈：F3.5
快门速度：1/800s
感 光 度：ISO200

▲ 对飞鸟这类动态对象要凝固其飞舞的瞬间，应选择高速快门和连拍模式，并与连续伺服自动对焦模式搭配使用

选择测光模式

测光模式决定着相机针对画面中的哪个范围进行测光，因此，使用不同的测光模式得到的曝光结果也不尽相同，正确选择和使用测光模式对所拍摄的照片能否获得准确的曝光，起着极为重要的作用。

Nikon D3200 内置了矩阵测光、中央重点测光、点测光 3 种测光模式。

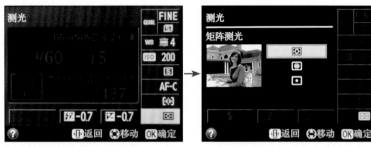

▲ 按下 info 按钮两次，进入显示屏设置状态，加亮显示**测光**选项，按下 OK 按钮显示矩阵测光、中央重点测光、点测光选项，选择其中一个选项后按下 OK 按钮确定

矩阵测光

矩阵测光是最常用的测光模式，在该模式下，相机将测量取景画面中全部景物的平均亮度值，并以此作为曝光量的依据。在主体和背景光线反差不大时，使用矩阵测光模式一般可以获得准确曝光，此模式最适合拍摄日常及风光题材。

▲ 画面没有明显的主体或主体与背景的反差较小时应选择矩阵测光，这也是风光摄影中常用的测光模式

焦　　距：55mm
光　　圈：F9.5
快门速度：1/180s
感 光 度：ISO100

中央重点测光 ◉

在中央重点测光模式下，相机对画面中央圆圈（该圆的直径约为8mm）内的物体测光，同时也均匀地测量整个画面的亮度，但在分布测光数据对曝光数值的影响权重时，优先将70%权重比例分配给画面中央位置的物体。由于在人像摄影中模特通常位于画面的中间位置，因此采用这种测光模式能够使人像获得准确曝光，所以应该优先选择此测光模式。

人像摄影中经常使用中央重点测光模式，以使人物主体获得准确曝光

焦　距：135mm
光　圈：F2.2
快门速度：1/400s
感光度：ISO100

点测光 ⊡

点测光是一种高级测光模式，相机只对画面中央区域的很小部分（也就是光学取景器中央对焦点周围约 1.5% 的小区域）进行测光，因此具有相当高的准确性。当主体和背景的亮度差异较大时，最适合使用点测光模式拍摄。

由于使用此测光模式时测光点的范围很小，因此对准不同位置测光的拍摄效果会相差很远，通常在拍摄大光比画面或需要对人的面部进行准确曝光时使用此测光模式。

由于被摄主体的亮度与背景差别较大，因此采用点测光模式对天空较亮的区域进行测光，从而使前景人像与礁石由于曝光不足而成为黑色剪影轮廓

焦　距：56mm
光　圈：F20
快门速度：1/15s
感光度：ISO100

设置曝光补偿

曝光补偿的含义

曝光补偿的作用就是在现有测光结果的基础上增加或减少曝光量。

曝光补偿通常用类似"EV±n"的方式来表示。"EV"是指曝光值，"EV+1"是指在自动曝光的基础上增加1挡曝光；"EV−1"是指在自动曝光的基础上减少1挡曝光，依此类推。Nikon D3200 的曝光补偿范围为−5.0~+5.0。

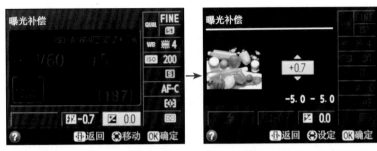

▲ 按下 info 按钮两次，进入显示屏设置状态，加亮显示**曝光补偿**选项，按下 OK 按钮，选择一个曝光补偿数值后按下 OK 按钮确定

曝光补偿对曝光的影响

在拍摄时使用曝光补偿会对曝光结果产生相应的影响。每挡曝光补偿都相当于增/减一挡曝光，例如在 A 挡光圈优先模式下，每增加一挡曝光补偿，快门速度即降低一半，从而获得增加一挡曝光的结果；反之，每降低一挡曝光补偿，则快门速度提高一倍，从而获得减少一挡曝光的结果。

原图未做曝光补偿

+1EV

−1EV

▲ 通过对比 3 张图可以看出，曝光补偿对于画面的亮度有很大影响

增加曝光补偿拍摄雪景还原纯白

摄影初学者在拍摄雪景时，往往会把雪拍成灰色，这是由于雪对光线的反射十分强烈，从而导致相机在测光时产生较大的偏差。在拍摄时可按"白加黑减"的原则调整曝光补偿，即在现有测光结果的基础上增加一挡曝光补偿就可以拍摄出洁白的雪景。

▲ 在拍摄时增加 1 挡曝光补偿，使雪的颜色显得很白

降低曝光补偿还原纯黑背景

当拍摄主体位于黑色背景前时，由于场景的反光率极低，因此相机将自动增加曝光量，结果导致场景中的黑色被拍摄成为深灰色。为了得到纯黑的背景，根据"白加黑减"的曝光补偿原理，适当降低曝光补偿来减少曝光量，即可得到黑色背景效果。

焦　　距：50mm
光　　圈：F6.4
快门速度：1/100s
感 光 度：ISO200

▲ 在拍摄时减少 0.3 挡曝光补偿，从而获得纯黑色的背景

对焦锁定

　　很多摄影爱好者在刚接触摄影时，经常会发现拍摄出来的照片中主体是模糊的，而主体后面或前面的景色却是清晰的。例如，在拍摄人像时，人物一般会被安排在画面的黄金分割位置，而相机默认的对焦点处于画面中心，所以第一次对焦在人物身上时人物是清晰的。而经过二次构图后，由于取景位置发生了变化，相机对新画面的中心点进行重新对焦，导致拍摄出来的照片中，画面的中心点附近的图像是清晰的，主体却变得模糊了。

　　通过对焦锁定解决主体不在画面中间而出现模糊的方法有如下两种。

●使用快门锁定焦点：半按快门对主体对焦，保持快门半按状态，改变相机的取景视角进行重新构图，构图完成后完全按下快门完成拍摄。

●通过 AE-L/AF-L 按钮锁定焦点：半按快门对主体对焦，对焦完成后，按下 AE-L/AF-L 按钮，这时相机取景器里的 AF-L 指示标记亮起，表示对焦已被锁定。然后改变取景角度重新构图，构图完成后半按快门进行测光，再完全按下快门完成拍摄。

　　第一种解决方法有一个缺点，即在保持快门半按状态锁定对焦的同时也锁定了曝光，很容易出现曝光不准的问题。

　　使用第二种方法可以避免出现此类问题，但使用前应该对AE-L/AF-L 按钮进行设置，具体方法如下。

❶进入**设定**菜单，选择**按钮**选项

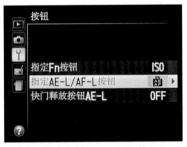

❷选择**指定AE-L/AF-L按钮**选项

❸选择**仅AE锁定**选项，即可将AE-L/AF-L按钮的功能设置为仅锁定对焦

▲ 没有使用对焦锁定功能，画面中位于中央的绿色灌木是清晰的，而主体却是模糊的

▲ 使用 AE-L/AF-L 按钮锁定对焦后，虽然主体不在画面中央，但仍被清晰地记录下来

曝光锁定

曝光锁定顾名思义是指将画面中某个特定区域的曝光值锁定，并以此曝光值对场景进行曝光。当光线复杂而主体不在画面中央位置的时候，需要先对主体进行测光，然后将曝光值锁定，再进行重新构图和拍摄。下面以拍摄逆光人像为例讲解其操作方法。

❶ 在上一页展示的步骤基础上，选择**仅 AF 锁定**选项，即可将 AE-L/AF-L 按钮的功能设置为锁定曝光

❷ 按下相机背面的 AE-L/AF-L 按钮

❸ 使用长焦镜头或者靠近人物，使人物脸部充满画面，半按快门得到曝光参数，由于已经按下AE-L/AF-L按钮，这时相机上会显示AE-L指示标记，表示此时的曝光已被锁定。

❹ 在曝光锁定标记亮起的情况下，通过改变相机的焦距或者改变和被摄者之间的距离进行重新构图后，半按快门对人物眼部对焦，合焦后完全按下快门完成拍摄。

▲ 使用 A 挡光圈优先模式拍摄时，由于没有进行曝光锁定，画面中人物面部有些发暗

▲ 使用了曝光锁定功能后，人物的肤色得到更好的还原

另外，当拍摄环境非常复杂或主体较小时，也可以使用曝光锁定并配合代测法来保证主体的正常曝光。方法是：将相机对准相同光照条件下的代测物体进行测光，如人的面部、反光率为18%的灰板、人的手背等，然后将曝光值锁定，再进行重新构图和拍摄。

▶ 因为拍摄对象距离较远，很难进行准确的测光，所以用18%的灰卡作为代测物体，配合使用曝光锁定功能，拍出了曝光准确的人像照片

焦　距：200mm
光　圈：F4.5
快门速度：1/2000s
感 光 度：ISO400

内置闪光灯

Nikon D3200 的内置闪光灯提供了 5 种闪光模式，我们可以根据不同的拍摄场合选择合适的闪光模式。同时，还可以通过设置闪光补偿来控制闪光灯的闪光强度。

闪光模式

Nikon D3200 的内置闪光灯提供自动、自动带防红眼、自动慢同步、自动慢同步带防红眼、补充闪光、防红眼、慢同步、慢同步带防红眼、后帘慢同步、后帘同步、关闭等多种闪光模式，但在不同的拍摄模式下，可选用的闪光模式也不尽相同。例如，当使用 P 挡及 A 挡曝光模式时，可以选择补充闪光、防红眼、慢同步带防红眼、后帘同步、慢同步、后帘慢同步等几种；但当使用 S 挡及 M 挡曝光模式时，只能够选择补充闪光、防红眼、后帘同步三种闪光模式。

下面讲解几种常用闪光模式的功能及使用注意事项。

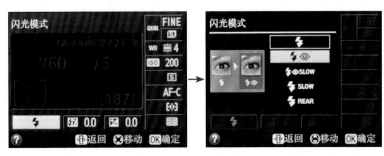

▲ 按下 info 按钮两次，进入显示屏设置状态，加亮显示**闪光模式**选项，按下 OK 按钮显示自动闪光模式⚡AUTO、防红眼闪光模式⚡◉、关闭闪光模式⚡、慢同步闪光模式⚡SLOW、后帘同步闪光模式⚡REAR 等选项，选择其中一个选项后按下 OK 按钮确定

自动闪光模式⚡AUTO

自动闪光模式是相机默认的闪光模式。在拍摄时，如果现场的光照条件较差，相机内定的光圈与快门速度组合不能满足现场光拍摄的要求时，内置闪光灯便会自动闪光。

这种闪光模式在大多数情况下都是适用的，但当背景很亮而人物主体较暗的时候，相机不会开启自动闪光模式，从而会导致主体人物曝光不足。

▶ 在自动闪光模式下，如果光线比较弱，则相机将会自动打开闪光灯，并为被摄对象补光

焦　距：50mm
光　圈：F7.1
快门速度：1/60s
感光度：ISO400

防红眼闪光模式 ⚡👁

使用闪光灯拍摄人像时，很容易产生"红眼"现象（即被摄人物的眼珠发红）。这是由于在暗光条件下，人的瞳孔处于较大的状态，在突然的强光照射下，视网膜后的血管被拍摄下来而产生"红眼"。

防红眼闪光模式的功能是，在主闪之前，对焦辅助灯会亮起 1 秒，使被摄者的瞳孔自动缩小，然后再正式闪光拍照，这样即可避免或减轻"红眼"现象。

关闭闪光模式 ⚡

当受到环境限制不能使用闪光灯，或不希望使用闪光灯时，可选择关闭闪光模式，如在拍摄野生动物时，为了避免野生动物受到惊吓，应选择关闭闪光模式；又如，在拍摄 1 岁以下的婴儿时，为了避免伤害到婴儿的眼睛，也应禁止使用闪光灯。

此外，在拍摄舞台剧、会议、体育赛事、宗教场所、博物馆等题材时，也应该关闭闪光灯。

▶ 在拍摄婴儿时，为了避免闪光灯对其娇嫩的眼睛造成伤害，应该使用关闭闪光模式

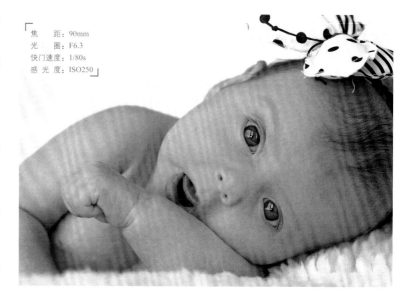

```
焦  距：90mm
光  圈：F6.3
快门速度：1/80s
感光度：ISO250
```

```
焦  距：70mm
光  圈：F4.5
快门速度：1/80s
感光度：ISO100
```

在拍摄舞台剧照时，建议将闪光灯关闭，一来不会破坏现场灯光气氛，二来不会干扰演员的舞台表现

慢同步闪光模式 ⚡SLOW

在夜间拍摄人像时，使用以上 3 种闪光模式都会出现主体人物曝光准确，而背景却一片漆黑的现象。而使用慢同步闪光模式时，相机在闪光的同时会设定较慢的快门速度，使主体人物身后的背景也能够获得充分曝光。

焦　　距：85mm
光　　圈：F2
快门速度：1/80s
感 光 度：ISO400

▶ 使用慢同步闪光模式，不但可以使人物主体获得正确曝光，而且使用慢速快门也能将背景表现得很好

后帘同步闪光模式 ⚡REAR

使用此闪光模式时，闪光灯将在快门关闭之前进行闪光，因此，当进行长时间曝光形成光线拖尾时，此模式可以让拍摄对象出现在光线的上方，而如果是使用慢同步闪光模式，则拍摄对象将出现在光线的下方。

闪光补偿

与曝光补偿功能相似，闪光补偿即针对闪光灯的闪光量进行一定的增减，以增强或减弱闪光灯的闪光强度。

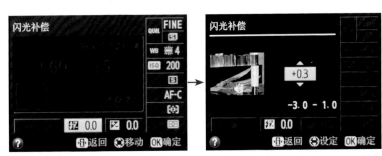

▲ 按下 info 按钮两次，进入显示屏设置状态，加亮显示**闪光补偿**选项，按下 OK 按钮，使用多重选择器的▲或▼方向键设置闪光补偿数值后，按下 OK 按钮确定

▲ 由于曝光不足，画面层次有缺失

▲ 增加了闪光补偿后，获得了曝光相对准确的画面

利用即时取景拍摄照片

了解即时取景状态

简单地说，即时取景是指使用相机显示屏取景拍摄的状态。其工作原理是，当切换至即时取景状态时，相机的反光板被抬起，射入镜头的光线被引向图像感应器，并由图像感应器传送至显示屏。因此，在即时取景显示状态下，在显示屏上观察到的场景与从镜头看到的画面是相同的。

由于能够直接通过显示屏对图像感应器捕捉到的光线情况以及图像进行确认，因此在此状态下更便于进行各种调整和曝光模拟。

在即时取景状态下，按下🔍按钮可以放大当前的画面，并可以使用多重选择器移动画面的位置，从而对取景画面中的局部位置进行精确的对焦。

需要注意的是，这里说的放大画面并非进行变焦处理，而是针对即时取景的范围进行局部放大，目的只是便于对焦操作而已，采用这种对焦方式可以使对焦更为精确，其效果基本上是所见即所得。

▲ 按下 LV 按钮，即可进入即时取景状态

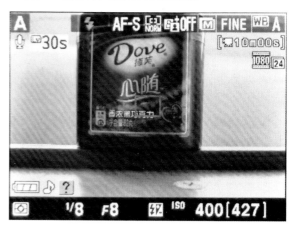

▲ 图中的红框即为处于放大状态的精确合焦部位

认识即时取景状态的显示屏信息

在即时取景状态下，显示屏中会显示拍摄参数信息，下图标注了各图标或数字代表的拍摄参数名称。

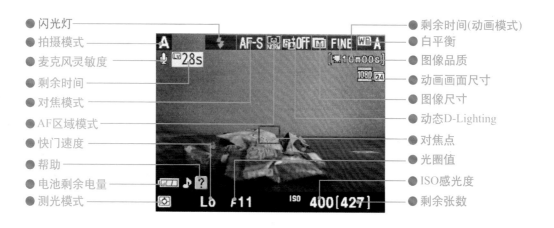

● 闪光灯
● 拍摄模式
● 麦克风灵敏度
● 剩余时间
● 对焦模式
● AF区域模式
● 快门速度
● 帮助
● 电池剩余电量
● 测光模式

● 剩余时间(动画模式)
● 白平衡
● 图像品质
● 动画画面尺寸
● 图像尺寸
● 动态D-Lighting
● 对焦点
● 光圈值
● ISO感光度
● 剩余张数

即时取景状态下对焦模式的选择

在即时取景状态下，仍然可以设置拍摄时的对焦模式。可选择的对焦模式包括 AF-S 单次伺服自动对焦、AF-F 全时伺服自动对焦、MF 手动对焦、AF-C 连续伺服自动对焦 4 种。

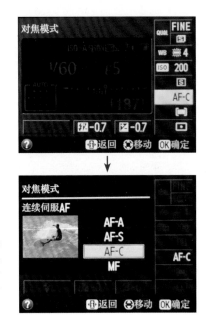

▶ 在即时取景状态下，按下 info 按钮两次，使用多重选择器在显示屏中加亮显示**对焦模式**选项。按下 OK 按钮显示 AF-A、AF-S、AF-C、MF 选项，选择其中一个选项并按下 OK 按钮确认。要返回即时取景状态，再次按下 info 按钮即可

即时取景状态下自动对焦区域模式的选择

在即时取景状态下，可以设置拍摄时的自动对焦区域模式。可选择的自动对焦区域模式包括脸部优先自动对焦、宽区域自动对焦、标准区域自动对焦、对象跟踪自动对焦 4 种。

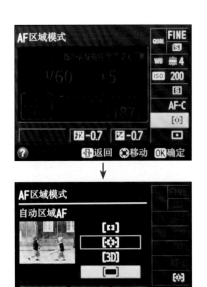

▶ 在即时取景状态下，按下 info 按钮两次，使用多重选择器在显示屏中加亮显示 **AF 区域模式**选项。然后按下 OK 按钮显示单点 AF [▫]、动态区域 AF [◦]、3D 跟踪（11 个对焦点）[3D]、自动区域 AF [▬]选项，选择其中一个选项并按下 OK 按钮确认。要返回即时取景状态，再次按下 info 按钮即可

根据自动对焦区域模式选择对焦点

使用即时取景进行拍摄的一大优点，就是能够更轻松地通过移动对焦点来进行准确对焦，但在操作时，根据当前选择的自动对焦区域模式不同，选择对焦点进行自动对焦的方式也不同，下面分别进行讲解。

● 脸部优先自动对焦：当相机侦测到面向相机的人物时，显示屏将在人像的面部显示黄色双边框，如果相机侦测到多张脸，相机会首先对焦于距离相机最近的拍摄对象。如果需要改变对焦点拍摄其他对象（例如当前场景中人像并不是最重要的拍摄对象），可以向上、下、左、右按下多重选择器，以移动对焦点至希望拍摄的对象上。

● 宽区域和标准区域自动对焦：使用多重选择器可将对焦点移至画面中的任何一点，按下OK按钮可将对焦点置于画面中央。

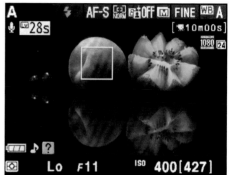

● 对象跟踪自动对焦：使用多重选择器将对焦点移至画面中的拍摄对象上并按下OK按钮后，对焦点则可以跟踪画面中移动的所选拍摄对象，例如儿童、小猫，若要停止跟踪，可再次按下OK按钮。要注意的是，相机无法跟踪细小的、移动迅速的、颜色和背景相似的，或大小明显变化的对象。

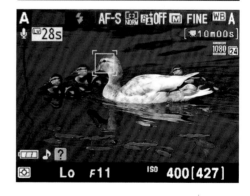

即时取景状态下的拍摄操作

完成各项设置后，半按快门按钮即可在即时取景状态下进行对焦，相机进行对焦时，如果对焦点以绿色闪烁，表明对焦状态良好；如以红色闪烁表明相机无法对焦，但此状态下相机仍可拍摄照片。

如果此时持续保持快门半按状态，则可以锁定对焦。

如果完全按下快门按钮，则可以进行拍摄，此时显示屏将被关闭。拍摄完成后，照片将在显示屏中显示4秒或直至再次半按快门按钮，使相机返回即时取景模式。

利用即时取景拍摄短片

短片拍摄基本流程

Nikon D3200 具有高清视频拍摄功能，同时还有全手动曝光及手动音频增益设置功能，再加上跟踪追焦拍摄功能，可以说其视频拍摄功能与画质是非常优秀的。

要拍摄视频短片，需要在即时取景状态下进行操作，下面列出的是一个基本的拍摄流程。

❶ 按下LV按钮启动相机并进入即时取景状态。

❷ 半按快门对要拍摄的对象进行对焦。

❸ 按下动画录制按钮，即可开始录制短片，此时在屏幕左上方会显示一个红色的圆点，表示当前正在录制短片。

❹ 再次按下动画录制按钮可结束录制，如果当前录制的视频时间长度达到最大时间长度20分钟或达到最大文件尺寸4GB，又或者当存储卡已满时，录制将自动结束。

▲ 按下动画录制按钮

▲ 录制视频

▲ 这 8 张图是从使用 Nikon D3200 拍摄的高清视频中截取的，从画面质量来看还是相当不错的

设置视频模式

"视频模式"选项用于选择视频的模式。通过视频接口将相机连接至电视机或录像机上时，需确认相机视频模式和设备视频标准（NTSC 或 PAL）相匹配。

❶ 进入**设定**菜单，选择**视频模式**选项

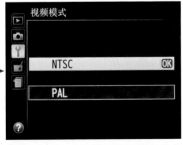

❷ 按下▲或▼方向键可选择 NTSC 或 PAL 选项

设置短片参数

利用"动画设定"菜单，可以设置录制视频的尺寸、帧频、品质等重要参数。

❶ 进入**拍摄**菜单，选择**动画设定**选项

❷ 选择**画面尺寸/帧频**选项，并按下▶方向键

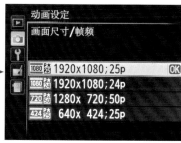

❸ 按下▲或▼方向键可选择不同的画面尺寸/帧频

❹ 如果在步骤❷中选择了**动画品质**选项

❺ 按下▲或▼方向键可选择**高品质**或**标准**选项

❻ 如果在步骤❷中选择了**麦克风**选项

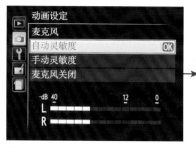

❼ 按下▲或▼方向键可选择**自动灵敏度**、**手动灵敏度**、**麦克风关闭**选项

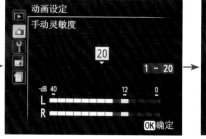

❽ 若选择了**手动灵敏度**选项，并按下▶方向键，可设置麦克风的灵敏度

❾ 如果在步骤❷中选择了**手动动画设定**选项

❿ 按下▲或▼方向键可选择**开启**或**关闭**选项

设置HDMI

"HDMI"选项用于控制视频输出分辨率，包含"输出分辨率"和"设备控制"两个选项。

● 输出分辨率：用于选择图像输出至 HDMI 设备的格式，包含"自动"、"480p（逐行）"、"576p（逐行）"、"720p（逐行）"、"1080i（隔行）" 5 个选项。若选择了"自动"选项，相机将自动选择合适的格式。

● 设备控制：此选项用于设定是否可用遥控器控制相机。相机连接在支持 HDMI-CEC 的电视机上且相机和电视机都处于开启状态时，选择"开启"选项，在全屏播放和幻灯播放期间可使用电视机遥控器代替相机多重选择器和 OK 按钮；若选择了"关闭"选项，电视机遥控器将无法用于控制相机。

❶ 进入**设定菜单**，选择 HDMI 选项

❷ 按下▲或▼方向键选择**输出分辨率**选项

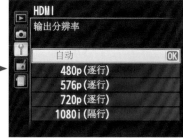

❸ 按下▲或▼方向键可选择不同的分辨率

❹ 若在步骤❷中选择了**设备控制**选项

❺ 按下▲或▼方向键可选择**开启**或**关闭**选项

短片拍摄注意事项

录制视频时要注意以下几点。

● 不能将相机朝向太阳或其他强光源，否则可能会损坏相机电路。

● 如果镜头在对焦时的声音较大，则可能会被录制到视频中，因此最好能够使用手动对焦，以保证短片中没有杂音。如果是使用外置的音频设备，则可以避免录制到杂音。

● 录制过程中相机的内置闪光灯不可开启，如果需要特别的照明效果，需要使用其他辅助照明灯光。

● 如果相机长时间在即时取景状态下使用，或长时间用于录制动画，可能导致视频录制自动结束，以避免损坏相机内部电路。

焦　　距：35mm
光　　圈：F8
快门速度：1/125s
感光度：ISO100

Chapter 04

Nikon D3200

配套镜头的选择

标准镜头推荐

腾龙 AF 28-75mm F2.8 SP XR Di LD ASL IF

　　该镜头在同焦段的镜头产品中，可以说是性价比最高的一款镜头了，其等效焦距为42~112.5mm，配合恒定的F2.8大光圈、数码优化镀膜及腾龙镜头一贯的锐利成像，这款镜头可以说是近乎完美的一款镜头。

　　为了将性价比发挥到极致，这款镜头除了卡口位置是金属的，以凸显其专业级的定位外，其他部分几乎都是塑料的，因此在重量上是惊人的"轻薄"。另外，在比较恶劣的环境中，建议尽量少用以免进灰。

　　当然，与尼康镜皇之一的 AF-S 24-70mm F2.8 G 相比，这款镜头确实在解像力、暗角及畸变等方面都略逊一筹，但价格却仅仅是前者的1/4，因而以极高的性价比吸引了一大批忠实用户。

　　还有一个不得不提的缺点是，很多用户反应这款镜头可能会存在不同程度的偏色（如洋红）情况，虽然并不是很明显，但在购买时，最好还是多做上机测试。另外，在弱光情况下，有比较明显的"拉风箱"现象——对焦困难。

镜片结构	14组16片
光圈叶片数	7
最大光圈	F2.8
最小光圈	F32
最近对焦距离（cm）	33
最大放大倍率（mm）	1 : 3.9
滤镜尺寸（mm）	67
规格（mm）	92×73
重量（g）	510
等效焦距（mm）	42~112.5

中焦镜头推荐——人文 & 人像摄影

焦　距：50mm
光　圈：F1.4
快门速度：1/640s
感光度：ISO640

尼康 AF-S 50mm F1.4 G

　　F1.4 的大光圈能够用于灯光昏暗的室内等环境手持拍摄。该镜头采用了 9 叶光圈，因此在拍摄点光的焦外虚化时，几乎在所有光圈下均能呈现出漂亮的圆点效果。其搭载了宁静波动马达（SWM），能够实现快速、安静的自动对焦，可以配合没有内置对焦马达的数码单反相机机身进行自动对焦。这款镜头尤其适合经常拍摄人像、夜景、天体等题材的专业摄影师与摄影发烧友使用。

　　此款镜头的售价在 3200 元左右，对于一般摄影爱好者而言，价格的确贵了一点，但确实能给用户提供极大的便利，绝对是一款值得入手的好镜头。

　　使用该镜头的最大光圈拍摄时，由于景深很浅，因此很容易出现跑焦的情况，建议在拍摄时使用即时取景模式，以便能够仔细观察合焦的位置是否正确。

镜片结构	7组8片
光圈叶片数	9
最大光圈	F1.4
最小光圈	F16
最近对焦距离（cm）	45
最大放大倍率（mm）	1∶6.7
滤镜尺寸（mm）	58
规格（mm）	73.5 × 54
重量（g）	280
等效焦距（mm）	75

焦　距：35mm
光　圈：F1.8
快门速度：1/400s
感光度：ISO100

尼康 AF-S 35mm F1.8 G DX

从视角上来说，这款镜头装在 Nikon D3200 上以后，等效焦距为 52.5mm，以此作为"标头"似乎更贴切一些，用于人文摄影再合适不过了，可以满足"所见即所得"的拍摄要求，配合 F1.8 的大光圈，可以保证在弱光情况下也能有很高的拍摄成功率。尤其是 F1.8 系列的大光圈镜头，通常都是大家公认的性价比最高的镜头，如 AF 50mm F1.8 D、AF 85mm F1.8 D 等，其售价比相同焦距的 F1.4 镜头要便宜数倍，这里推荐的 AF-S 35mm F1.8 G DX 也不例外。

另外，这款镜头带有 DX 标志，说明它是尼康专为旗下 APS-C 画幅数码单反相机而设计的，因此在成像上更有优势。

当然，仅以换算前的 35mm 焦距而言，已经进入了广角镜头的行列，因此在取景时会造成画面的透视变形，而即使在换算为等效焦距后，也仅是视角变小了，但成像时仍然是在这种透视形态下取其中心的图像，读者需要对这一点加以注意。

镜片结构	6组8片
光圈叶片数	7
最大光圈	F1.8
最小光圈	F22
最近对焦距离（cm）	30
最大放大倍率（mm）	1：6.2
滤镜尺寸（mm）	52
规格（mm）	70×52.5
重量（g）	200
等效焦距（mm）	52.5

图丽 AF AT-X 11-16mm F2.8 PRO SD AS IF DX

这款镜头的最吸引人之处在于其 11 ~ 16mm 的超广角焦段和全程恒定 F2.8 的光圈设计。它采用了内对焦和内变焦设计，提高了镜头的密封性，变焦和自动对焦操作时镜身长度保持恒定，平衡感和持握性能出色，虽然没有超声波马达，但是对焦依然准确、快速。

图丽镜头从来都是以性价比高著称的，并且其不俗的光学素质也令人称道。在价格上，该款镜头上市价格为 4200 元人民币，这个价格可以说是非常合理的，尤其值得一提的是，虽然这款镜头是针对 APS-C 画幅相机设计的，但如果装在全画幅相机上，从 15mm 焦距开始就几乎没有任何暗角了，因此也可以将其当做一款 15-16mm F2.8 大光圈的镜头使用。这也就意味着，如果有一天将手中的 Nikon D3200 升级成为 Nikon D700、Nikon D800 等全画幅相机时，此镜头仍然可以使用，因此保值性较强。

镜片结构	13组11片
光圈叶片数	9
最大光圈	F2.8
最小光圈	F22
最近对焦距离（cm）	30
最大放大倍率（mm）	1：11.6
滤镜尺寸（mm）	77
规格（mm）	89.2×84
重量（g）	560
等效焦距（mm）	16.5~24

焦　　距：27mm
光　　圈：F8
快门速度：1/100s
感光度：ISO100

腾龙 AF 17-50mm F2.8 SP XR Di II LD Aspherical IF VC（B005）

　　该款镜头的第 1 代产品素有"副厂牛头"的美誉，以其卓越的解像力、恒定 F2.8 大光圈及极高的性价比博得了众多用户的认同，其内部编号为 A16。

　　2009 年 9 月，腾龙公司推出了这款镜头，并加入了其最新的 VC 防抖技术，内部编号变为 B005，可满足一些弱光情况下的拍摄要求。这款镜头除了能提供低于安全快门 3 挡左右的防抖功能外，还配有 2 片 XR 高折射率镜片、3 片复合非球面镜片、2 片 LD 低色散镜片、1 片 LD 镜片，可以在色散控制上有更好的表现。但也正是由于这个技术的加入，增加了移动镜片的数量，最终导致画面质量有所损失。

　　具体内情如何，笔者不好妄加评论，但从实际的测试结果来看，第 2 代镜头（B005）确实在画面质量上有所下降，其价格也比 A16 贵了约 1 千元，建议读者根据拍摄需求选购适合自己的镜头。

镜片结构	13组16片
光圈叶片数	7
最大光圈	F2.8
最小光圈	F32
最近对焦距离（cm）	27
最大放大倍率（mm）	1：4.5
滤镜尺寸（mm）	67
规格（mm）	74×82
重量（g）	430
等效焦距（mm）	25.5~75

焦　距：300mm
光　圈：F4.5
快门速度：1/800s
感 光 度：ISO200

长焦镜头推荐——动物 & 体育摄影

尼康 AF-S 70-300mm F4.5-5.6 G IF ED VR

　　本来，在 70~300mm 这个焦段还有腾龙、适马等其他厂商的镜头可供选择，但由于这些镜头都不带马达，因此无法进行自动对焦，或由于成像质量很差以及不带防抖系统等。对于一款长焦镜头而言，由于其安全快门（即焦距的倒数）通常较高，因此如果能配合防抖功能在低于安全快门 3~4 挡的情况下进行拍摄，将大大提高拍摄的成功率，因此，笔者推荐了这款尼康原厂镜头。

　　这款镜头拥有两片 ED 超低色散镜片，这使其消色散能力大为增强，同时由于增加了一组防抖镜片，使得这款镜头的重量从上一代的 505g 增加达到了 745g，当然，在性能上也有了极大的提高。

　　另外，由于该镜头采用的是内对焦设计，对焦时前组镜片不转动，从而在使用各种滤镜时更为方便，再配备上一只花瓣型遮光罩，显得很有"专业"味道。

　　该镜头换算后的最长焦距达到了 450mm，这已经可以满足大多数人"打鸟"的需求了，这对需要经常使用长焦镜头的摄影爱好者有着非常大的吸引力。

镜片结构	12组17片
光圈叶片数	7
最大光圈	F4.5~F5.6
最小光圈	F32~F40
最近对焦距离（cm）	150
最大放大倍率（mm）	1：4
滤镜尺寸（mm）	67
规格（mm）	80×143.5
重量（g）	470
等效焦距（mm）	105~450

焦　距：200mm
光　圈：F5.6
快门速度：1/250s
感光度：ISO100

尼康 AF-S 55-200mm F4-5.6 G IF ED DX VR

这款镜头属于 APS-C 画幅尺寸 DX 格式数码单反相机专用镜头，用在 Nikon D3200 机身上等效焦距为 82.5 ～ 300mm。与 AF-S 18-55mm 简直是天生绝配，二者在焦段上刚好能够衔接在一起，不会造成任何的浪费。这款镜头采用的 IF 内对焦技术使其在对焦时前组镜片不会发生转动，因此可以非常方便地使用圆形偏振镜。这款镜头不仅价格便宜、成像质量较高，而且拥有超声波马达，对焦快速、安静，可以说是摄影爱好者非常实惠的选择之一。

另外，这款镜头加入了 VR 防抖功能，这也是其比较大的一个亮点。对于拍摄经验较少的家庭用户而言，提供 3 挡左右的快门补偿应该没有问题；而对于那些可以很稳地手持相机的摄影师来说，无疑会让他们如虎添翼，能够获得更高的拍摄成功率。

总之，对于这款售价仅 1600 元左右的长焦镜头而言，其各方面的性能都有较好的表现，在解像力方面更是达到了优秀的级别，即使是与副厂镜头相比，性价比也很高。

镜片结构	11组15片
光圈叶片数	7
最大光圈	F4~F5.6
最小光圈	F22~F32
最近对焦距离（cm）	110
最大放大倍率（mm）	1 : 4.3
滤镜尺寸（mm）	52
规格（mm）	73×99.5
重量（g）	335
等效焦距（mm）	82.5~300

微距镜头推荐——微距 & 人像摄影

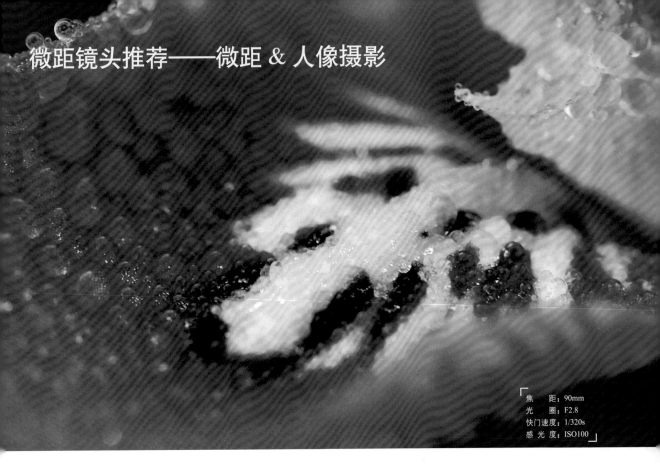

焦　距：90mm
光　圈：F2.8
快门速度：1/320s
感光度：ISO100

腾龙 AF 90mm F2.8 Di SP Macro

　　该款镜头不仅有着高素质的成像，而且价格相对便宜，因此成为副厂镜头中广受影友推崇的微距镜头之一，而它也自然成为腾龙镜头中的名镜之一。

　　这款内部编号为 Model 272E 的腾龙镜头，秉承着腾龙一贯的严谨做工，宽大的对焦环、方便快捷的推拉式对焦切换设计、精致的对焦距离标志窗等让用户有着良好的操作手感。

　　另外，由于安装在 Nikon D3200 上以后，等效焦距为135mm，也可以用于拍摄人像，配合 9 叶 F2.8 光圈，能够拍出形态很漂亮的虚化效果。当然，建议是以半身人像为主，如果是拍摄全身像或视角更广的人文人像，可能要站到很远的位置，不利于与模特进行沟通。

镜片结构	9组10片
光圈叶片数	9
最大光圈	F2.8
最小光圈	F32
最近对焦距离（cm）	29
最大放大倍率（mm）	1 : 1
滤镜尺寸（mm）	55
规格（mm）	97×71.5
重量（g）	405
等效焦距（mm）	135

焦　　距：40mm
光　　圈：F2.8
快门速度：1/500s
感光度：ISO100

尼康 AF-S DX Micro NIKKOR 40mm F2.8 G

　　AF-S DX 微距尼克尔 40mm F2.8 G 是 DX 格式系列镜头的一款新产品。虽然，镜筒是全塑的，但做工不错，基本上看不出镜筒的模具注塑接缝痕迹，是一款简洁而轻便的镜头。它拥有的 40mm 焦距在 Nikon D3200 上的等效于焦距为 60mm，比使用 50mm 的标准镜头还要广角一些，再加上 F2.8 大光圈，即使在光线较弱的环境中拍摄时也能获得完美的效果，因此只挂这一支镜头出门也能够应对大多数拍摄题材。

　　这款镜头包括 M/A（手动优先自动对焦）和 M（手动）两种对焦模式。最近拍摄距离为 16cm，可以实现 1：1 的最大复制比率，得到与实物同等大小的影像，并且能够轻松得到漂亮的虚化效果。另外，它还内置了宁静波动马达，可进行极为安静的自动对焦。这些对于近摄昆虫都是不可或缺的。

　　这款镜头的售价约为 2800 元，是刚接触微距摄影用户的不二选择。

镜片结构	7组9片
光圈叶片数	7
最大光圈	F2.8
最小光圈	F22
最近对焦距离（cm）	16.3
最大放大倍率（mm）	1：1
规格（mm）	68.5×64.5
重量（g）	235
等效焦距（mm）	60

焦　　距：23mm
光　　圈：F11
快门速度：1/125s
感 光 度：ISO100

腾龙 AF 18-270mm F3.5-6.3 Di II VC LD Aspherical IF Macro

　　腾龙公司在大变焦镜头上不断发力，其 18-200mm 及 18-250mm 镜头都以很高的性价比博得了不错的市场反响。笔者推荐的这款 18-270mm 变焦镜头，由于具有高达 15 倍光学变焦及搭载了腾龙公司最近研发的 VC 防抖技术，使其在长焦端更加实用。

　　另外，这款镜头还配有微距功能，虽然 1：3.5 的最大放大比例并不高，但配合等效焦距为 405mm 的长焦端，还是可以拍摄到不错的微距作品，甚至用于"打鸟"都已游刃有余。需要注意的是，使用这款镜头的长焦端拍摄时，建议将与拍摄对象之间的距离控制在 2m 以外，否则在成像质量上会有大幅的下降。

　　总的来说，这款镜头在成像质量、暗角控制等方面都实属一般，但由于达到了 15 倍的高倍率变焦，用于平时旅游、会议、婚礼等多样化的场合非常方便，因此已经不能单纯地用光学素质来衡量它了。

镜片结构	13组18片
光圈叶片数	7
最大光圈	F3.5~F6.3
最小光圈	F22~F40
最近对焦距离（cm）	49
最大放大倍率（mm）	1：3.5
滤镜尺寸（mm）	72
规格（mm）	79.6×101
重量（g）	550
等效焦距（mm）	27~405

焦　距：18mm
光　圈：F8
快门速度：0.6s
感光度：ISO100

Chapter **05**

Nikon D3200

相机配件的选择与使用

遮光罩

　　遮光罩由金属或塑料制成，安装在镜头前方。遮光罩可以遮挡住不必要的光线，避免产生光斑、生成灰雾等破坏成像质量。

　　在选购遮光罩时，要注意与镜头的匹配。广角镜头的遮光罩较短，而长焦镜头的遮光罩较长。如果把适用长焦镜头的遮光罩安装在广角镜头上，画面四周的光线会被挡住，而出现明显的暗角；而把适用广角镜头的遮光罩安装在长焦镜头上，则起不到遮光的作用。另外，遮光罩的接口大小应与镜头安装滤镜的大小相配。

焦　　距：200mm
光　　圈：F2.8
快门速度：1/500s
感 光 度：ISO100

▲ 在拍摄逆光人像时，使用遮光罩可以防止多余的光线进入镜头

存储卡

　　Nikon D3200 作为一款入门级的数码单反相机，兼容 SD 存储卡、SDHC 存储卡、SDXC 存储卡。在购买时，建议不要买一张大容量的存储卡，而是分成两张购买。比如需要购买 64G 的 SD 卡，则建议购买两张 32G 的存储卡，虽然在使用时有换卡的麻烦，但两张卡同时出现故障的概率要远小于 1 张卡。

读卡器

　　虽然直接使用相机的 USB 接口一样可以将照片输出，但把这么金贵且精密的相机当成读卡器使用，未免有些浪费，最关键的是，也容易损坏相机的 USB 接口。另外，使用读卡器时可以随意对卡中的数据进行删除或复制操作，而将相机充当读卡器，只能读取或清空照片文件。

滤镜

滤镜与镜头的口径

绝大部分滤镜都是与镜头最前端拧在一起的，由于不同的镜头拥有不同的口径，因此，滤镜也分为各种不同的口径，读者在购买时一定要注意了解自己所使用的镜头的口径。

UV 镜

UV 镜也叫"紫外线滤镜"，主要是针对胶片相机而设计，用于防止紫外线对曝光的影响，提高成像质量，增加影像的清晰度。而对于现在的数码相机而言，已经不存在这种问题了，但由于其价格低廉，很多摄影师都将其作为保护数码相机镜头的工具。笔者强烈建议购买镜头的同时，也购买一款 UV 镜，以便更好地保护镜头不受灰尘、手印以及油渍的侵扰。除了购买原厂的 UV 镜外，肯高、HOYO、大自然及 B+W 等厂商生产的 UV 镜也不错。

偏振镜

偏振镜也叫偏光镜或 PL 镜，主要用于消除或减少物体表面的反光。在风景摄影中，为了降低反光、获得浓郁的色彩，又或者希望拍摄清澈见底的水面、透过玻璃拍摄其背后的物品等，需要经常使用偏振镜。偏振镜分为线偏和圆偏两种，数码相机应选择有"CPL"标志的圆偏光镜，因为在数码单反相机上使用线偏光镜容易影响测光和对焦。

在使用偏振镜时，可以旋转其调节环以选择不同的强度，在取景窗中可以看到一些色彩上的变化。同时需要注意的是，使用偏振镜后会阻碍光线的进入，大约相当于 2 挡光圈的进光量，故在使用偏振镜时，需要降低约 2 倍的快门速度，才能拍摄到与未使用时相同曝光效果的照片。

▶ 使用偏振镜消除水面的反光，从而拍摄到更加清澈的水面，同时画面的色彩也更加浓郁

焦　　距：26mm
光　　圈：F13
快门速度：1/125s
感 光 度：ISO100

中灰镜

中灰镜又被称为 ND（Neutral Density）镜，它就像是一个半透明的深色玻璃，安装在镜头前面时，可以减少进光量，从而降低快门速度。当光线太过充足，导致无法降低快门速度时，就可以使用这种滤镜。

中灰滤镜分不同的级数，常见的有 ND2、ND4、ND8 三种，简单来说，它们分别代表了可以降低 1 倍、2 倍和 3 倍的快门速度。假设在光圈为 F16 时，对正常光线下的瀑布测光（光圈优先曝光模式）后，得到的快门速度为 1/16s，此时如果需要以 1/4s 的快门速度拍摄，就可以安装 ND4 型号的中灰镜，或安装两块 ND2 型号的中灰镜，也可以得到同样的效果。

▲ 肯高 ND4 中灰镜

▶ 在明亮的光线下，通过使用中灰镜降低快门速度，拍摄到水流连成丝线状的效果

焦　　距：26mm
光　　圈：F16
快门速度：1/4s
感 光 度：ISO100

渐变镜

渐变镜分为圆形和方形两种，在色彩上也有很多选择，如蓝色、茶色、日落色等。而在所有的渐变镜中，最常用的应该是中灰渐变镜了，它可以在深色端减少进入相机的光线，在拍摄天空背景时非常有用，通过调整渐变镜的角度，将深色端覆盖天空，从而在保证浅色端图像曝光正常的情况下，还能使天空中的云彩具有很好的层次。

其中，圆形渐变镜是安装在镜头上的，使用起来比较方便，但由于渐变是不可调节的，因此只能拍摄天空约占画面 50% 的照片；而使用方形渐变镜时，需要买一个支架装在镜头前面才可以把滤镜装上，其优点是可以根据构图的需要调整渐变的位置。

▲ 圆形及方形渐变镜

快门线

　　在对拍摄的稳定性要求很高的情况下，通常会采用快门线与脚架结合使用的方式进行拍摄。其中，快门线的作用就是为了尽量避免直接按下快门按钮时可能产生的震动，以保证相机稳定，进而保证得到更高的画面质量。

尼康 MC-DC2

焦　　距：19mm
光　　圈：F6.3
快门速度：9s
感 光 度：ISO200

▲ 这幅夜景照片的曝光时间达到了 9s，为保证画面不会模糊，快门线与脚架是必不可不少的

　　使用快门线，在跟小姐妹一起拍合影时，就不会因为少了自己而遗憾了

焦　　距：85mm
光　　圈：F2.2
快门速度：1/800s
感 光 度：ISO125

脚架

脚架是最常用的摄影配件之一，使用它可以让相机变得更稳定，以保证长时间曝光的情况下也能够拍出清晰的照片。

脚架的分类

市场上的脚架类型非常多，按材质可以分为木质、高强塑料材质、合金材料、钢铁材料、碳素纤维及火山岩等几种，其中以铝合金及碳素纤维材质的脚架最为常见。

铝合金脚架的价格较便宜，但重量较重，不便于携带；碳素纤维脚架的档次要比铝合金脚架高，便携性、抗震性、稳定性都很好，在经济条件允许的情况下，是非常理想的选择。它的缺点是价格很贵，往往是相同档次铝合金脚架的好几倍。

▲ 三脚架（左）与独脚架（右）

另外，从支脚数量可分为三脚与独脚两种。三脚架用于稳定相机，甚至在配合快门线、遥控器的情况下，可实现完全脱机拍摄；而独脚架的稳定性能要弱于三脚架，主要起支撑的作用，在使用时需要摄影师来控制独脚架的稳定性，由于其体积和重量都只有三脚架的 1/3，无论是旅行还是日常拍摄都十分方便。

云台的分类

云台是连接脚架和相机的配件，用于调节拍摄的角度，包括三维云台和球形云台两类。三维云台的承重能力强、构图十分精准，缺点是占用的空间较大，在携带时稍显不便；球形云台体积较小，只要旋转按钮，就可以让相机迅速转到所需要的角度，操作起来十分便利。

▲ 三维云台（左）与球形云台（右）

焦　　距：10mm
光　　圈：F2
快门速度：6s
感 光 度：ISO200

拍摄夜景时，由于曝光时间较长，所以必须使用三脚架来保持相机的稳定

外置闪光灯

Nikon D3200 配备了内置闪光灯，除了可以进行简单的照明外，还可以引导外置闪光灯进行闪光。在拍摄时，也可以选择外置闪光灯进行创造性的补光，可选择的尼康原厂闪光灯有 SB-910、SB-700 和 SB-400 等，这些闪光灯的性能参数各不相同，但总的优点就是闪光指数较高、拍摄角度可调、回电时间较快等。

▲ 尼康 SB-900 外置闪光灯

▲ 在需要补光的情况下，外置闪光灯可以提供更多的创造性光线，此图就是利用外置闪光灯为人物进行补光后的拍摄效果

焦　　距：27mm
光　　圈：F5
快门速度：1/50s
感 光 度：ISO200

闪光指数高

闪光指数是评价一个外置闪光灯的重要指标，它决定了闪光灯在同等条件下的有效拍摄距离。以尼康SB-700闪光灯为例，在ISO100的情况下，其闪光指数为28，假设光圈为F4，我们可以依据下面的公式算出此时该闪光灯的有效闪光距离：

闪光指数（28）÷光圈系数（4）＝闪光距离（7米）

角度可调

角度可调是指外置闪光灯的灯头可以多角度旋转，这样在布光时会更加方便。通过合理的调节，可以使闪光灯产生的光照效果更加自然，不显得生硬。而内置的闪光灯通常只有一个角度，闪光灯被打开后，光照效果往往不自然。

柔光罩

柔光罩是专用于闪光灯上的一种硬件设备，由于直接使用闪光灯拍摄时会产生比较生硬的光照，而使用柔光罩后，可以让光线变得柔和——当然，光照的强度也会随之变弱，可以使用这种方法为拍摄对象补充自然、柔的光线。

外置闪光灯的柔光罩类型比较多，其中比较常见的就是肥皂盒、碗形柔光罩等，配合外置闪光灯强人的性能，可以更好地进行照亮或补光处理。

▲ 外置闪光灯的柔光罩

焦　　距：100mm
光　　圈：F2.8
快门速度：1/60s
感 光 度：ISO1000

◀ 将闪光灯及柔光罩搭配使用为人物进行补光后的拍摄效果，可以看出，光线非常柔和、自然

焦　　距：50mm
光　　圈：F3.2
快门速度：1/100s
感光度：ISO200

06

Chapter

Nikon D3200

实战篇之人像摄影

人像摄影常用镜头

人像摄影常用镜头大致可分为广角、中焦及长焦 3 类，各类镜头在拍摄人像时有其不同的作用，当然，其中最为摄影师喜爱的还是中焦镜头。

使用中焦镜头拍摄人像

85~135mm 是摄影界公认的最适合拍摄人像的焦段，这是因为使用这个焦段拍摄的人像变形最小，最符合人的视觉习惯，而且这样的拍摄距离不远不近，便于摄影师与模特沟通。对于任何一款尼康相机用户而言，价格为 1700 元左右的 AF-S 尼克尔 50mm F1.8 G，都是一个不错的选择。既有比较大的光圈，而且等效焦距为 80mm，属于适合拍摄人像的焦距段。如果资金比较富裕，可以选择 AF-S 尼克尔 85mm F1.8 G 或 AF-S 尼克尔 50mm F1.4 G，两款镜头的售价均在 3700 元左右。

▶ 中焦距离对摄影师与模特而言，都是一个比较合适的距离，既不影响交流，又不会因太靠近而使模特感到紧张

焦　距：85mm
光　圈：F1.8
快门速度：1/500s
感 光 度：ISO100

使用广角镜头拍摄人像

广角镜头是拍摄风光摄影作品时常用的镜头类型，不仅能够增加画面的空间感，还可以保证被摄主体前后的景物在画面中均能清晰再现。

实际上，使用镜头的广角端拍摄人像也能够获得不错的效果，其优点主要体现在以下三点。

第一，利用广角镜头的变形特性可以修饰模特的身材，最常见的用法是使模特的腿看上去更修长。其拍摄要点是，在拍摄时首先要使用竖构图，将模特的腿安排在画面的下半部分，由于广角镜头的变形是由中间开始往上、下、左、右拉伸延长的，因此当腿在画面的下半部分时就会被拉长，从而轻松拍出长腿美女。

第二，利用其透视变形的特性来增强画面的张力与主题的冲击力。

第三，可以表现画面的空间感，这对于拍摄环境人像非常重要。

在用镜头的广角端拍摄人像时，比较重要一点是摄影师要距离模特比较近，这样才能够充分发挥广角端的特性；如果拍摄时摄影师距离模特太远，会使人物主体显得不够突出，且带入太多背景也会使画面显得杂乱。

焦　距：16mm
光　圈：F22
快门速度：1/125s
感光度：ISO100

▼ 使用 16mm 超广角镜头，扭曲了靠近画面边缘的图像，天空中的白云产生向中央汇聚的趋势，人物成为画面焦点，配合所表现的婚纱主题，颇有些童话中王子与公主的味道

使用长焦镜头拍摄人像

在拍摄人像时往往需要通过虚化背景使前景处的人像更加突出，如果模特与相机距离较近，可以使用 A F-S 50mm F1.4 G、AF-S 85mm F1.4 G 这样的大光圈镜头；而如果模特距离摄影师较远，则应该使用 AF-S 70-200mm F2.8 G 这样的长焦变焦镜头，以获得背景虚化漂亮、主体突出的画面。

即使拍摄时背景很杂乱，利用长焦镜头拍摄时，也可以将其虚化成模糊的一片，而人像则自然地在环境中凸显出来，成为画面的视觉中心。

焦　　距：135mm
光　　圈：F2.8
快门速度：1/200s
感光度：ISO100

▲ 这幅半身人像写真作品就是采用了 200mm 的超长焦距拍摄的，配合 F3.2 的大光圈，使背景虚化成漂亮的光斑效果

▼ 当有些模特面对镜头感觉拘谨时，会造成人物面部表情和动作姿态不够自然，长焦镜头由于其能实现远距离拍摄而很好地避免了这一问题

人像摄影曝光控制

对皮肤进行测光

对于拍摄人像而言，皮肤是非常重要的表现对象之一，而要表现细腻、光滑的皮肤，测光是非常重要的一步工作。准确地说，拍摄人像时应采用中央重点测光或点测光模式，对人物的皮肤进行测光。

人像摄影补光很重要

如果是在午后的强光环境下，建议找有阴影的地方进行拍摄，如树荫或屋檐、遮阳伞下，使光线接近于柔和的散射光。如果环境条件不允许，可以对皮肤的高光区域进行测光，并利用反光板对阴影区域进行补光。

增加曝光补偿拍出白皙皮肤

对于拍摄美女、儿童来说，增加 0.3 ~ 0.7 挡曝光补偿，可以拍出更加娇嫩、白皙的皮肤。在拍摄时应对皮肤进行测光（尤其是使用点测光模式对皮肤进行测光时更为准确），再在正常曝光量的基础上适当增加曝光补偿，这样可以使皮肤变得比正常曝光时要亮，从而看起来显得更光滑、细腻。

如果要拍摄老人或黑色、棕色人种，或身处矿山、媒井中的人，应该做负向曝光补偿，使其皮肤的色彩看上去更饱和、更深一些。

焦　　距：82mm
光　　圈：F2
快门速度：1/400s
感光度：ISO100

▲ 当阳光比较强烈时，应尽量避免在直射阳光下拍摄，可找一处有阴影的地方，对人物暗部进行适当补光，以保证其皮肤获得光滑、细腻的效果

大光圈虚化前景或背景突出人物主体

人像摄影最常用的一种手法是用大光圈虚化背景来突出人物主体。通常来说，只要把手中镜头的光圈调到最大，如 F2.8、F2 等，就能很容易拍出背景虚化的人像。通常情况下，定焦镜头都有很大的光圈，如 F1.8、F1.4 等，使用时只要稍微缩小几挡光圈，就可以保证拍出的照片质量非常出色。

采用大光圈拍摄的人像，可以获得主体清晰、背景模糊的效果

焦　　距：135mm
光　　圈：F2.5
快门速度：1/640s
感光度：ISO100

除了虚化背景之外，还有另一种手法可以突出人像主体，那就是虚化前景。拍摄的方法与虚化背景类似，也要使用较大的光圈。拍摄时应对焦人物的脸部，这样就能拍出人像清晰、前景模糊的照片。前景虚化的照片非常具有立体感和空间感，从而可大大增强画面的视觉冲击力。

▶ 使用大光圈来虚化前景，可使画面中的人像更显突出

焦　　距：120mm
光　　圈：F4.2
快门速度：1/640s
感光度：ISO400

眼睛是人像摄影的表现重点

在拍摄人像时，常通过眼睛来表现被摄者的状态、性格，传神的眼睛不仅能够牢牢吸引观者的目光，还可以渲染画面情绪，所以眼睛的表现很重要。拍摄时应利用单次伺服自动对焦模式对被摄者的眼睛进行精确对焦，以确保眼睛在画面中是清晰的。在对被摄者的眼睛对焦后，通常需要重新构图，操作时可以半按快门按钮锁定对焦点，然后移动相机重新构图。

如果采用竖画幅构图，应该将眼睛安排在画面的上三分之一处；如果采用的是横画幅构图，应该将眼睛安排在画面的黄金分割点上。

焦　　距：125mm
光　　圈：F4.5
快门速度：1/100s
感 光 度：ISO400

▶ 左下图为竖拍情况下，手动选择第2行中间对焦点时的状态；右下图为拍摄时进行测光的示意图，此时快门半按进行测光及对焦，成功后可以保持半按快门状态并调整构图；大图为调整构图后的拍摄结果

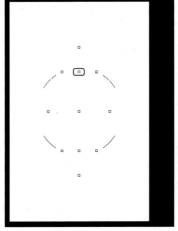

人像摄影常用构图方法

灵活自然的三分法构图

简单来说，三分法构图就是黄金分割法的简化版，是人像摄影中最为常用的一种构图方法，其优点是能够在视觉上给人以愉悦和生动的感受，避免人物居中而显得过于呆板。

在实际拍摄中，如果采用横画幅构图，可将人分别安排在左侧或右侧三分线上；而如果采用竖画幅构图，应该将人的面部安排在上方的三分线上。

按上述方法进行构图可避免画面呆板，获得较为生动的画面效果。

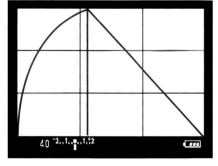

▲ 在拍摄时要能够自己构想出三分网格线，以便于进行三分法构图

▶ 将模特安排在构想中的三分线上，使画面更灵活、生动

焦　距：50mm
光　圈：F5.6
快门速度：1/640s
感 光 度：ISO100

▼ 拍摄时并没有采用较大的光圈来虚化背景，因为画面中的荷花塘本身就很漂亮，可见在人像摄影中并不是非得使用大光圈虚化背景

表现性感曲线的 S 形构图

在现代人像拍摄中，尤其是人体摄影中，S 形构图越来越多地用来表现人物身体某一部位的线条感，尤其是在拍摄女性时，使用 S 形构图可以完美地表现其柔软、性感的身材。

通常当身材姣好的女性自然站立时，就能够从侧面拍摄到漂亮的 S 形曲线；而如果采用正面拍摄的话，则需要模特稍稍倾侧身体。除了这两种角度外，还可以通过趴姿形成更加性感的 S 形曲线。

► 让模特一只手捏着树叶，另一只手放在石壁栏杆上，使人物姿态自然地呈现为 S 形，此时作为摄影师的你只要按下快门拍摄就可以了

```
焦　　距：185mm
光　　圈：F2.8
快门速度：1/400s
感光度：ISO100
```

拉伸人物身材美感的斜线构图

斜线构图在人像摄影中经常用到。当人物的身姿或肢体动作以斜线的方式出现在画面中，并占据画面足够的空间时，就形成了斜线构图。

斜线构图所产生的拉伸效果，对于表现女性修长的身材或者对拍摄对象身材方面的缺陷进行美化都有非常不错的效果。

利用这种构图方法拍摄人像时，模特至少要有一只脚的脚背要绷直，从而使身体的线条从腿部延伸至脚背，以起到拉长身体线条的作用。

▶ 摄影师采用斜线构图，使模特的腿部显得十分修长，画面看起来充满美感和青春的活力

焦　　距：50mm
光　　圈：F5.6
快门速度：1/60s
感 光 度：ISO200

人像摄影常用影调

影调是指画面所表现出的明暗层次，是烘托气氛、反映创作意图的重要手段。根据画面的明暗分布不同，可将其分为中间调、高调、低调 3 种形式。

中间调人像

中间调的明暗分布没有明显的偏向，画面整体趋于一个比较平衡的状态，在视觉感受上也没有轻快和凝重的感觉。

中间调是最常见也是应用最广泛的一种影调形式，在拍摄时也是最简单的，只要保证环境光线比较正常，并设置好合适的曝光参数即可。本章展示的人像照片中绝大多数均属于中间调人像。

高调人像

高调人像的画面影调以亮调为主，暗调部分所占比例非常小，常用于女性或儿童人像照片，且多用于偏向艺术化的视觉表现。

在拍摄高调人像时，模特应该穿白色或其他浅色的服装，背景也应该选择相匹配的浅色，并选择顺光进行拍摄，以利于画面的表现。在拍摄高调人像时，除了要选择浅色调的物体外，还要注意运用散射光、顺光，因此多云、阴天、雾天、雪天是比较好的拍摄天气。如果在影棚内拍摄，应该用柔光照明灯来获得较小的光比，从而减少物体的阴影，形成高调的画面。

为了避免高调画面给人苍白无力的感觉，在构图时应在画面中适当保留少量有力度的深色、黑色或艳色，例如，少量的阴影或其他一些深色的物体。

在拍摄时要通过增加曝光补偿的方法增加曝光量，使画面更亮，从而获得高调效果。

▶ 高调照片能给人轻盈、优美、淡雅的感觉，模特身着的彩衣与鲜艳的手镯，使画面的感觉更鲜活

焦　　距：40mm
光　　圈：F7.1
快门速度：1/125s
感 光 度：ISO125

低调人像

与高调人像相反，低调人像的影调构成以较暗的颜色为主，基本由黑色及部分中间调颜色组成，亮部所占的比例较小。

在拍摄低调人像时，除了要求模特穿着深暗色的服饰，避免大面积的白色或浅色对象出现在画面中外，还要求采用大光比的光线，如逆光和侧逆光。在这样的光线照射下，可以将被摄人物隐没在黑暗中，但同时又勾勒出被摄人物的优美轮廓，形成低调画面。

如果采用逆光拍摄，应该对背景的高光位置进行测光；如果是采用侧光或顺光拍摄，应使用点测光模式对模特身体上的高光区域进行测光。在获得测光读数后，通常需要通过做负向曝光补偿来减少曝光量，使画面变暗，从而获得低调人像照片。

在室内或影棚中拍摄低调人像时，根据要表现的内容，通常布置 1~2 盏灯，正面光通常用于表现深沉、稳重的人像，侧光常用于突出人物的线条，而逆光则常用于表现人物的形体造型或头发（即发丝光）。

在拍摄时，还要注意运用局部高光，如照亮面部或身体局部的高光以及眼神光等，通过少量的白色或浅色、亮色使画面在深暗色的总体氛围中呈现出生机，以免低调画面显得灰暗无神。

▲ 拍摄低调人像照片时，针对人物脸的亮部进行测光，沉稳的暗调背景将人物衬托得更加成熟、稳重，安排在模特后方的闪光灯打出的光线不仅勾勒出漂亮的头发，而且也使整个画面的光效更时尚

焦　　距：40mm
光　　圈：F7.1
快门速度：1/123s
感 光 度：ISO125

人像摄影色调

色彩学把色调分为冷色调、暖色调以及居于二者之间的中间色调。红、橙、黄3种颜色属于暖色调；蓝、青两种颜色属于冷色调；绿和紫则属于中间色调。

温馨柔和的暖色调人像

以红色、橙色、黄色为代表的暖色调，可以在人像照片中表现出温暖、热情、喜庆等情感。

在拍摄前期，可以根据需要选择合适颜色的服装，身着红色和橙色衣服都可以得到暖色调的画面效果。同时，拍摄环境及光照对色调也有很大的影响，应注意选择和搭配。比如，在太阳落山前3个小时这个时间段拍摄，都可以获得不同程度的暖色光线。

如果是在室内拍摄，可以利用红色或黄色灯光来进行暖色调设计。当然，除了在拍摄过程中进行一定的设计外，摄影者还可以通过后期处理来得到想要的画面效果。

▼ 在室内拍摄暖色调人像时，可以利用道具或灯光来进行暖色调效果的设计

焦　距：31mm
光　圈：F5.7
快门速度：1/64s
感光度：ISO100

▶ 借助服装、花朵及光线的运用，画面被渲染出一种温暖、和谐的氛围

焦　距：70mm
光　圈：F2.8
快门速度：1/160s
感光度：ISO100

除了利用环境因素外，也可以人为地干涉照片的色调，比如在镜头前面增加红、黄或浅黄等颜色的滤镜，或在使用闪光灯的情况下，加装黄色的柔光罩，或贴上暖色的纸等，都可以起到为照片补充暖色的作用。

冷色调人像

以蓝、青两种颜色为代表的冷色调，可以在拍摄人像时表现出冷酷、沉稳、安静以及清爽等情感。

与人为干涉照片的暖色调一样，我们也可以通过在镜头前面加装蓝色滤镜，或在闪光灯上加装蓝色的柔光罩等方法，为照片增加冷色调。

此外，也可以利用白平衡功能改变画面的色调，例如将当前色温设置为一个较低的数值，就可以使所拍摄的照片偏冷色调。

焦　　距：85mm
光　　圈：F1.8
快门速度：1/500s
感光度：ISO100

▶ 白色的服饰与女孩可爱的表情相映生辉，每一处都在彰显这个女孩的与众不同，此时，淡淡的绿色调为画面营造出一种淡雅、宁静的氛围

利用对比色突出人像

在一张人像照片中，如果同时出现对比的色彩，则会产生一种强烈的视觉效果，给人留下深刻的印象。

最典型的搭配是红衣配绿树或绿叶，或白衣配红花、绿叶，这两种搭配都会由于颜色对比效果明显，使人物主体得到有效突出。

▶ 画面中的光线偏暖色，且背景被虚化，色彩对比效果相对较为柔和，但在绿色背景的衬托下，红色服装仍能很好地被表现出来，因而也突出了人物主体

焦　　距：85mm
光　　圈：F2
快门速度：1/400s
感光度：ISO100

人像摄影拍摄视角

视角是指相机拍摄位置的高低变化，一般情况下，可将拍摄视角分为平视、仰视和俯视 3 种。

平视拍摄人像

平视角度符合人的视觉习惯和观察景物的视点。由于镜头处于人眼高度，画面具有平视、平稳效果，是一种纪实角度。为了保持平视的视角，摄影师需要根据模特的高度调整相机的高度，使相机与被摄者始终处于同一水平线上。

焦　　距：115mm
光　　圈：F2.8
快门速度：1/400s
感 光 度：ISO100

▲ 摄影师以平视角度拍摄女孩，女孩的神情被表现得十分自然，看上去格外亲切

仰视拍摄人像

仰视拍摄可以使被摄人物的腿部显得很长，将人物拍摄得高大、苗条。由于这种拍摄角度不同于传统的视觉习惯，也改变了人眼观察事物的视觉透视关系，给人的感觉很新奇。如果在拍摄时能够使用广角镜头，能够使人物本身的线条均向上汇聚，夸张效果更明显。

▶ 适当的仰拍可以将画面向天空延伸，从而避开地面上的一些杂物，使画面变得更加简洁、纯净

焦　　距：17mm
光　　圈：F13
快门速度：1/250s
感 光 度：ISO200

俯视拍摄人像

俯视拍摄有利于展现人物所在的空间层次，可以交代人物所处的环境，并给人以居高临下的感觉。用这种角度拍摄女性，很容易拍出瘦脸美女效果。

俯视还是拍摄睡美人的最佳视角，但俯视的角度需要有所控制，因为俯视的角度会压缩画面的空间感与人像的立体感，因此尽量不要采用垂直地面的俯视角度，最佳角度是向斜下方的俯视角度。

以俯视角度拍摄女孩，女孩的脸看起来十分消瘦，而头大身子小的画面效果又把女孩衬托得非常可爱

焦　　距：85mm
光　　圈：F3.5
快门速度：1/80s
感光度：ISO400

人像摄影道具的使用

人像摄影中较难处理的是双手，如果拍摄对象不是专业模特，则很难摆出轻松自然又漂亮优雅的手势。如果能让拍摄对象手里拿一些道具，可以更好地表现拍摄主题。

这些道具可以是一簇鲜花、一把吉他、一个玩具、一个足球或一把雨伞等。不过，使用的道具要符合拍摄对象的性别、年龄、性格和喜好等特征，只有适合的道具才能起到辅助主体表现效果的作用。

道具的使用不但可以增加画面的内容，还可以营造出一种更加生动、活泼的气息。如果拍摄年轻女性，使用一些精致、可爱的玩具物品，可以衬托女孩青春俏皮、小巧可爱的特点。

▶ 以彩色气球为道具，大大增强了人物青春俏皮、小巧可爱的特点

焦　　距：135mm
光　　圈：F3.2
快门速度：1/800s
感 光 度：ISO400

▶ 将小熊作为道具一起拍摄，女孩被衬托得十分可爱、活泼

焦　　距：145mm
光　　圈：F4.5
快门速度：1/320s
感 光 度：ISO100

利用眼神光拍出有神韵的人像

在人像摄影中，眼睛的表现十分重要，只有人物的眼睛有了神，整个画面才显得有神韵、灵气。而要把眼睛表现好，很重要的一点就是要恰当地运用好眼神光。眼神光能使照片中人物的眼睛里产生一个或多个光斑，使人像照片显得更具活力。

在户外以顺光拍摄时，天空中的自然光就能在人物的眼睛上形成眼神光。如果是在室内使用人造光源布光，主光通常采用侧逆光位，辅光照射在人脸的正前方，用边缘光打出眼神光。此外，还可以利用窗户光、反光板、闪光板等为人像添加眼神光。

◀ 明亮的眼神光使人物变得很有精神，画面看起来十分生动、自然

焦　　距：135mm
光　　圈：F2
快门速度：1/250s
感 光 度：ISO1600

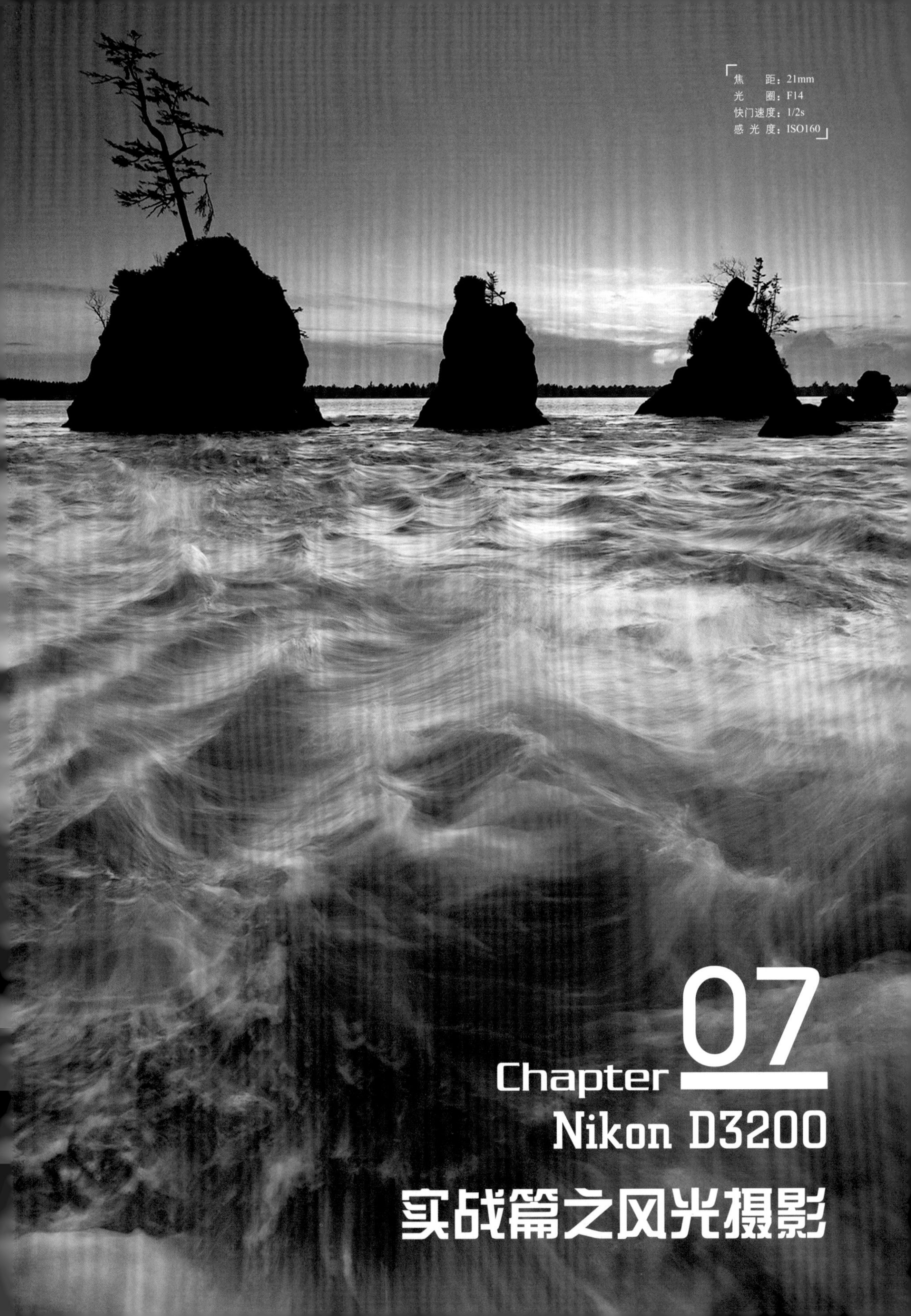

焦　　距：21mm
光　　圈：F14
快门速度：1/2s
感光度：ISO160

Chapter **07**

Nikon D3200

实战篇之风光摄影

使用广角镜头拍摄风光

　　风光摄影的最佳镜头是广角镜头，因为大部分风光题材的画面都是非常广阔的，如茫茫的草原、连绵起伏的山脉、一望无际的沙漠、万里无垠的森林等，广角镜头的视野非常宽阔，能够拍摄出景深极大的照片，非常适合拍摄风光作品。

焦　　距：22mm
光　　圈：F8
快门速度：1/15s
感 光 度：ISO100

▲ 风光题材大多数都具有广袤、宽阔的特点，非常适合用广角镜头和超广角镜头拍摄

　　使用广角镜头拍摄风光时需要注意以下几点。

- 在前景中安排有趣味的景物，否则画面前半部分可能会出现大面积空白。
- 如果希望画面呈现较强的纵深感，应该在前景处安排线条型的景物，如桥、道路、条形的礁石，并在拍摄时尽量靠近这些景物，以利用广角镜头的夸张特性，使画面呈现较强的纵深感。
- 使用广角镜头拍摄风光时，往往会将天空纳入画面，因此在拍摄时要留意天空中云彩的形状。
- 拍摄前要仔细检查画面，由于广角镜头的视角广，因此要留意避免将三脚架、摄影包等杂物拍入画面。
- 尽量使用三脚架保持相机处于水平状态，否则可能会由于广角镜头夸大相机的倾斜状态而破坏画面的美感。

用较小的光圈拍摄风光

世界顶级摄影大师安塞尔·亚当斯在拍摄风光时始终使用 F64 的超小光圈，他拍出了很多传世的黑白风光作品。为什么要使用最小光圈呢？因为在很多大场面的风光画面中，不同的景物远近差别很大，为了让远近的景物都能清晰成像，要使用最小光圈以获得超大景深。

焦　　距：23mm
光　　圈：F24
快门速度：1/125s
感 光 度：ISO100

▲ 使用 F24 小光圈拍摄的风光照片，画面中远近的景物都十分清晰

只不过现在数码单反相机镜头的光圈值都达不到亚当斯常用的 F64，一般最小光圈只有 F22、F32，个别镜头达到了 F45。需要注意的是，使用镜头的最小光圈拍摄往往会导致画质下降，所以在拍摄时要根据自己使用镜头的特点来选择较小的光圈。

▶ 使用佳能 EF 16-35mm F2.8 L II USM 镜头拍摄的风光照片，画面细节很清晰

焦　　距：22mm
光　　圈：F11
快门速度：1/40s
感 光 度：ISO100

获得最大景深的对焦技巧

一幅漂亮的风光佳片通常画面整体都是很清晰的，即从前景到背景的景物都十分清晰。要做到这一点，除了应该选用广角镜头拍摄外，还需要掌握一定的对焦技巧。

最理想的方法是使用超焦距对焦技术，但对于初学者而言，此方法涉及的计算方法较为复杂，因此近年来被泛焦对焦方法所取代，使用这种对焦方法基本上能够达到与使用超焦距对焦方法同样的效果。此方法的要点是，在对焦时将对焦点安排在画面的三分之一处，这样就能够保证画面前后的景物都非常清晰，从而得到最大景深画面。

▼ 摄影师使用广角镜头拍摄，将焦点对准在画面三分之一的礁石处，从而确保了整个画面前后景物都是清晰的

| 焦　　距：17mm |
| 光　　圈：F16 |
| 快门速度：1/5s |
| 感 光 度：ISO100 |

风光摄影的构图技巧

风光摄影构图中的减法原则

  摄影大师阿尔弗莱德·艾森塔斯特有一句名言——保持简单，四个字道出了风光摄影的真谛，就是让画面中的元素尽量保持简单，换句话说，就是在构图中要运用减法原则。画面中杂乱的景物会影响主体的表达效果，所以无关的景物越少越好。画面简洁的照片能给人一种很纯净、主体很突出的视觉感受。

  在构图时，跟主题无关的物体最好全部去掉，使画面越简单越好。如果拍摄现场的景物十分杂乱，不妨使用长焦镜头来拍摄，长焦镜头的视角小，可以把无关的景物排除在视野范围以外。

▼ 摄影师利用减法原则拍摄的风光作品，画面十分纯净、简洁，且主体突出

焦   距：150mm
光   圈：F20
快门速度：1/90s
感 光 度：ISO100

黄金分割法构图的应用

黄金分割规律是由古希腊数学家毕达哥拉斯发现的，即画面中主体两侧的长度之比应为1：0.618，这样的画面是最完美的。黄金分割法是被绘画等艺术形式证明了的定律，采用这种构图方法能使画面看起来更舒适、和谐。

在摄影中，由于人们通常不可能精确地去测量1：0.618这个比例，所以通常会用二分法构图、九宫格构图（井字形构图）来替代。就是把景物主体安排在画面上下、左右三分之一的地方，或者安排在两条水平线和两条垂直线的交点（即黄金分割点）上。

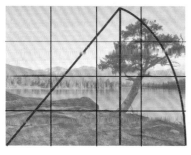

焦　距：14mm
光　圈：F16
快门速度：2.6s
感光度：ISO100

▲ 把被摄主体树安排在黄金分割点，使照片看起来更平衡、更美观，避免了安排在画面中央而显得呆板和乏味

避免把主体放在居中位置

　　不少摄影初学者拍摄风光时，喜欢把吸引人的景物安排在画面的居中位置，这样的确可以引起人的注意，但整个画面显得十分呆板和乏趣，缺乏美感。如果将主体安排在黄金分割点位置，就可以增强画面的协调感和美感。

没有将树安排在画面正中央，而是稍微靠上的位置，大大地增强了画面的协调感和美感

焦　　距：16mm
光　　圈：F5
快门速度：15s
感光度：ISO400

利用黄金分割确定水平线或地平线

利用黄金分割构图法则还可以解决拍摄风光时安排海平线或地平线的问题。通常情况下，不要把它们放在画面的正中间，否则容易造成画面主次不明显，不知道重点是要表达天空还是地面或水面。应该将水平线或地平线安排在画面的上三分线或下三分线位置，以突出表现地面或天空。

将地平线安排在画面的上三分线位置，使前景处的石头得到突出表现

焦　距：11mm
光　圈：F22
快门速度：20s
感 光 度：ISO100

色彩对比在风光摄影中的应用

色彩对比是风光摄影中常用的手法，通过不同颜色的色相、纯度、明度不同而产生的相互衬托关系，达到突出主体的目的。不同的色彩能给人带来不一样的情绪和心境，如蓝色的天空和碧绿的草原搭配能使人感觉心情舒畅，秋天大面积的金黄色和红色搭配给人一种收获的暖意。

仰视拍摄大树，黄绿色的叶子和蓝色天空形成强烈对比，画面给人一种很清凉的感觉

焦　　距：200mm
光　　圈：F13
快门速度：1/125s
感光度：ISO100

常见的色彩对比方法是冷暖对比。在色彩中，红、橙、黄称为暖色，各种蓝色称为冷色，当画面中同时出现冷暖色调的景物时，就会有非常突出的对比效果。

```
焦    距：35mm
光    圈：F8
快门速度：1/100s
感 光 度：ISO100
```

▲ 冷暖色调对比可以更加突出被摄主体，冷色的天空和暖色的岩石对比增强了作品的表现力

另一种常见的手法是让主体颜色与周围颜色形成强烈的对比，这样使主体在画面中更加鲜明、突出。如下图所示，日出时的暖调光线，与地面上的冷调水面形成强烈的冷暖对比，很容易使观众的注意力集中到具有很强立体感的岩石上。

▲ 通过主体的冷色调与远处天空的暖色调形成强烈对比，使主体更加突出

```
焦    距：24mm
光    圈：F9
快门速度：1/25
感 光 度：ISO100
```

除了保持画面中的颜色有一定的对比性外，在色彩的选择上还应注意画面要简洁，尽量选择色彩单一、图案较简单的背景，如草地、大片的树木、蓝天等，以避免画面显得杂乱。

风光摄影的最佳拍摄时间

风光摄影不像室内人像摄影那样，可以根据拍摄需要进行人工布光，它的光线都是户外的自然光，而自然光的方向和强度都是人工无法控制的，所以在进行风光摄影时一定要考虑到时间因素。

对于同一场景，在不同时间拍摄，可能会得到完全不一样的画面效果，因此选择合适的拍摄时间对于风光摄影师而言是非常重要的一项工作。

焦　　距：50mm
光　　圈：F13
快门速度：1.6s
感光度：ISO160

▶ 虽然拍摄的是同一个景点，但由于拍摄的时间不同，上下两幅照片的整体效果也截然不同。上面的照片呈现出明显的冷色调，中间的一丝暖调打破了画面的寂静，为画面增添了生机。下面的照片呈现出淡淡的紫色调，夕阳景象给人一种神秘的感觉

焦　　距：50mm
光　　圈：F13
快门速度：5s
感光度：ISO160

通常来说，拍摄风光的最佳时间是在清晨和黄昏，此时的光线柔和，明亮和阴暗的区域都能够得到很好的表现。

准确地说，清晨最佳的拍摄时间是日出前的 15 ~ 30 分钟和日出后的 30 ~ 60 分钟；黄昏最佳的拍摄时间是日落之前的 15 ~ 30 分钟和日落后的 30 分钟以内。上述时间段是一天当中光线最柔和、光影最丰富的时候，最能保证风光摄影专业品质所需的光影层次。

黄昏是风光摄影的黄金时间，在日落前后的 30 分钟左右经常能拍摄出优秀的风光作品

焦　　距：105mm
光　　圈：F9
快门速度：1/80s
感光度：ISO400

用局域光拍摄风光大片

局域光是风光摄影中极具表现力的光线之一，这种光线能够让景物产生明与暗的对比，形成强烈的光比反差，使主体更加突出，背景更加简洁，更具有视觉冲击力。

局域光有以下几种常见的类型。

● 透过云层形成的局域光：在多云大气条件下，由于云彩的遮挡，阳光只能从云的缝隙中照到地面，从而使大地呈现出斑驳陆离的光影效果。

● 透过树木枝叶形成的局域光：在高大、茂密的丛林中，光线从枝叶间隙透过，形成无规则的局域光效果。

● 透过山峰或山谷形成的局域光：在低光下，光线斜照在高山下或深谷中也能形成局域光。

利用局域光拍摄风光照片时，要预测光线的走向，提前掌握局域光的运动方向和画面中景物的明暗效果。通常雷阵雨前的局域光效果最好，此时云彩在风力的作用下运动速度较快，光比大，能为摄影师提供更多的拍摄机会。

正确曝光对于拍摄局域光照片很重要，一般拍摄时要使用点测光和中央重点测光模式，对准已被局域光照射到的部位进行测光，然后酌情减少曝光量。

焦　　距：21mm
光　　圈：F11
快门速度：1/160s
感 光 度：ISO100

▼ 在幽静的山谷中，从云层中斜射下来的局域光照亮了绿色的草甸，在强烈的明暗对比下，整个画面表现出较强的光影效果，同时给人一种"采菊东篱下，悠然见南山"的闲适感觉

常见风光题材的拍摄技法

如何拍摄山峦

连绵起伏的山峦是风光摄影中极具视觉震撼力的题材。虽然拍出成功的山峦作品需要付出极大的辛劳和汗水，但还是有非常多的摄影爱好者乐此不疲。

拍摄山峦最重要的是要把雄伟壮阔的整体气势表现出来。"远取其势，近取其貌"的说法非常适合拍摄山峦。要突出山峦的气势，就要尝试从不同的角度去拍摄，如诗中所说"横看成岭侧成峰，远近高低各不同"，所以必须寻找一个最佳的拍摄角度。

除了选择拍摄角度外，还要选择最合适的拍摄季节，因为在不同的季节里，山峰会呈现出不一样的景色。春天的山峦在鲜花的簇拥之中，显得美丽多姿；夏天的山峦被层层树木和小花覆盖，显示出了大自然强大的生命力；秋天的红叶使山峦显得浪漫、奔放；而冬天山上大片的积雪又让人感到寒冷和宁静。

光线是影响山峦拍摄效果的最重要的因

焦　距：26mm
光　圈：F13
快门速度：1/125s
感光度：ISO100

▲ 选择俯视的角度拍摄，很好地表现了山峦连绵壮阔的气势

素，是否能够表现出山脉的立体感、坚毅感，很大程度上取决于所使用的光线。在有直射阳光的时候，用侧光拍摄有利于表现山峦的层次感和立体感，明暗层次使画面更加富有活力。

在晴朗的天气里，最好用侧光来表现山峦，使照片的层次感和立体感更强

焦　距：70mm
光　圈：F9
快门速度：1/125s
感光度：ISO320

焦　　距：10mm
光　　圈：F14
快门速度：0.8s
感 光 度：ISO100

如何拍摄瀑布

瀑布是大自然中最壮观的景象之一，"飞流直下三千尺."的气势具有极佳的美感。而要拍好瀑布，最关键的是要处理好动与静的关系，就是要把握好急流的瀑布和静止的岩石之间的对比关系，只有处理好这种动静对比关系，才能够拍出如丝绸般美丽的瀑布。

◀ 拍摄瀑布时要将它如丝绸般的美丽表现出来，并处理好静态的岩石和动态的水流之间强烈的对比关系

要把瀑布飞泻直下的动感体现出来，就应当使用较慢的快门速度，通常要以1/8s以下的快门速度来表现。为了防止曝光过度，应使用较小的光圈来拍摄，如果还是曝光过度，应考虑在镜头前加装中灰滤镜，这样拍摄出来的瀑布是雪白的，就像丝绸一般。

近距离拍摄可以表现瀑布水流的质感，可以使用变焦镜头的长焦端来拍摄。而使用广角镜头拍摄大瀑布，更适合表现瀑布的整体气势。

拍摄瀑布时需要注意，由于使用的快门速度很慢，所以一定要使用三脚架拍摄，手持拍摄会造成图像模糊。另外，由于拍摄瀑布时的环境比较潮湿，所以一定要注意相机的保养，不要让水溅到相机上。

如何拍摄树木

在风光摄影中，除了山水之外，树木等植物也是重要的拍摄题材。由于树木在生活中非常常见，所以在构图时一定要有新意，要对树木有特色的地方进行重点表现，这样才能给人留下更加深刻的印象。如左图所示的照片，拍摄者的意图是要表现树木独具特色的外貌特征，所以采用逆光拍摄，以天空作为背景简化画面，从而强化主题。

▶ 拍摄者对树木独具特色的外形特征进行了重点表现，给人留下十分深刻的印象

焦　　距：35mm
光　　圈：F8
快门速度：1/80s
感 光 度：ISO100

▲ 采用仰视角度拍摄，使得被摄树木在画面中呈向上汇聚的效果，大大增强了画面的新奇感，也具有较强的视觉动感

焦　距：24mm
光　圈：F13
快门速度：1/125s
感光度：ISO100

▼ 巧妙地借助光线，采用仰视角度拍摄，使树叶变得透亮起来，放射状光线使画面很有形式美感

当然，拍摄时不一定非得采用平视的角度。如果使用广角镜头以仰视的角度拍摄，也可以获得与众不同的效果。不过在构图时，应选择较为茂密的树林，以放射式构图进行拍摄。

当阳光穿透树林时，由于被树叶及树枝遮挡，因此会形成一束束透射林间的光线。要拍摄这样的题材，最好选早晨及近黄昏时分，此时太阳斜射向树林中，能够获得最好的画面效果。在实际拍摄时，拍摄者可以迎着光线逆光拍摄，也可以与光线平行侧光拍摄。在曝光方面，可以以林间光线的亮度为准拍摄出暗调照片，以衬托林间的光线；也可以在此基础上，增加1~2挡曝光补偿，使画面多一些细节。

焦　距：10mm
光　圈：F7
快门速度：1.3s
感光度：ISO100

如何拍摄日出、日落

拍摄日出、日落时，通常要同时表现天空中的彩霞和地面景物，所以使用广角镜头和标准镜头都可以拍出不错的日出、日落作品。如果摄友想拍摄以太阳为主的画面，那么就应该选择 300mm 以上的长焦镜头，拍摄时使用的焦距越长，画面中的太阳就越大。

焦　　距：16mm
光　　圈：F16
快门速度：0.6s
感 光 度：ISO400

▲ 用广角镜头拍摄日落时的壮丽景观，获得了极其开阔的视野

拍摄日出、日落时，不要直接把镜头对着天空，这样拍出的照片会显得单调。通常可选择树木、山峰、草原、大海、河流等景物作为前景。如果在前景中安排了人、树、花、鸟、建筑等景物，可以通过对天空较亮处测光，使这些景物由于欠曝而在画面中呈现为黑色的剪影轮廓。

▶ 利用前景处的游人及山脉的剪影效果，与天空饱和的色彩形成强烈的色彩、明暗对比，画面非常生动

焦　　距：85mm
光　　圈：F18
快门速度：1/80s
感 光 度：ISO200

在拍摄日出、日落时，较难掌握的是曝光控制。日出、日落时，天空和地面的亮度反差较大，如果对准太阳测光，太阳的层次和色彩会有较好的表现，但会导致云彩、天空和地面上的景物曝光不足，呈现出一片漆黑的景象。而对准地面景物测光，会导致太阳和周围的天空曝光过度，失去色彩和层次。

正确的曝光方法是使用点测光，对准太阳附近的天空进行测光，这样不会导致太阳曝光过度，而天空中的云彩也有较好的表现。如果没有把握，不妨分别增加、减少一挡曝光补偿，通过多拍优选的方法来获得满意的照片。

焦　距：21mm
光　圈：F11
快门速度：1/4s
感光度：ISO50

▲ 针对天空中的亮部测光，并在拍摄时使用中灰渐变镜平衡天空与水面的光比，使天空和水面的层次和色彩都得到很好的表现

拍摄日出、日落还需要注意选择拍摄时机。为了保险起见，在拍摄日出时，应在天亮之前到达目的地，事先做好准备工作。日出的过程非常短暂，太阳刚升上地平线就应该立即拍摄，美丽的情景会转瞬即逝。当太阳远离地平线后，光线和色彩都会发生很大变化。拍摄日落可以从没有光芒散射的时候开始，直到太阳将进入地平线的时候为止。

▶ 天边暖色的光线与画面前景中的冷色调形成冷暖对比，使画面更具视觉冲击力

焦　距：23mm
光　圈：F7.1
快门速度：1/50s
感光度：ISO200

如何拍摄冰雪景色

虽然在冰天雪地里非常寒冷，但还是有众多的摄友热衷于拍摄雪景。拍摄雪景最常用的技巧是使用曝光补偿。由于雪的亮度很高，如果按照相机给出的测光值曝光，会造成曝光不足，使拍出的雪呈灰色。所以拍摄之前，应增加1~2挡的曝光补偿，这样拍出的雪既富有层次，又非常洁白。

拍摄冰雪的地点选择也有一定讲究。如果是在城市里，可以在公园里或道路旁拍摄雪景；而如果有机会到雪山，则能拍摄到更多精彩的画面。如果雪下得很大，在树叶和树枝上会有许多积雪，形成壮丽的雾凇景观，这种拍摄机会千万不要错过。

▲ 增加1挡曝光补偿拍摄的雪景，色彩和层次都有较好的表现

> 焦　　距：35mm
> 光　　圈：F11
> 快门速度：1/100s
> 感 光 度：ISO100

▼ 在山顶上用中长焦镜头拍摄到的壮丽景观，侧光使雪山具有很强的立体感

> 焦　　距：115mm
> 光　　圈：F10
> 快门速度：1/125s
> 感 光 度：ISO100

想要拍摄雪花飞舞富有动感的景色，可以选择大雪纷飞的时候，以1/60s~1/30s的快门速度拍摄可以把雪花飘落的轨迹记录下来，雪花会呈模糊的线条状。在选择镜头时最好使用长焦镜头，因为使用广角镜头拍出的雪花飘落的线条较细，而长焦镜头可以把飘落的雪花集中在一个画面中，线条轨迹也更粗一些。另外，画面的背景最好选择深暗色的墙壁或树林，以反衬洁白的雪花。

如何拍摄湖泊与海洋

　　在拍摄湖泊与海洋时，最大的禁忌就是单独对湖面或海面进行拍摄，那样的照片会显得单调、乏味，没有表现力，应适当选取岸边的景物作为衬托，如湖边或海边的树木、花卉、岩石、山峰等，这样能使平静的湖面或海面充满生机与活力，蓝天、白云、山峦、树林等都会在湖面或海面形成美丽的倒影。

焦　距：17mm
光　圈：F16
快门速度：1/10s
感光度：ISO100

▲ 在拍摄海洋时，将落日的倒影与岸边的岩石一起拍摄下来，为画面增添了活力

▼ 从远处拍摄的峡谷落日场景，山体的剪影十分漂亮，而游弋的小舟则让画面充满了生机

焦　距：100mm
光　圈：F22
快门速度：1/80s
感光度：ISO100

如何拍摄雾景

当雾气笼罩大地时，眼前的一切一下子变得朦胧起来，景物若隐若现，营造出一种极其神秘的氛围。在山间或树林中，雾会将很多杂乱的景物遮掩，同时也会使一些景物在雾层中展露出来，给人一种独特的美感。在拍摄雾景时，根据"白加黑减"的曝光补偿原则，可适当增加 0.5~1 挡曝光补偿，如果雾气在画面中所占面积较大的话，应该增加 1~2 挡曝光补偿。

焦　距：24mm
光　圈：F9
快门速度：1/100s
感光度：ISO100

▲ 雾气给画面增添了很多朦胧感，使画面呈现出前景、中景与背景的层次感

▼ 这幅作品很好地利用了雾天的特点，道路与树木浓淡相间，具有独特的美感，耐人寻味

焦　距：130mm
光　圈：F11
快门速度：1/160s
感光度：ISO100